国家水质自动监测系统建设与运行实用技术习题集

中国环境监测总站　编

中国环境出版集团·北京

图书在版编目（CIP）数据

国家水质自动监测系统建设与运行实用技术习题集/中国环境监测总站编. —北京：中国环境出版集团，2019.11（2023.2 重印）
ISBN 978-7-5111-4174-3

Ⅰ. ①国… Ⅱ. ①中… Ⅲ. ①地面水—水质监测系统—中国—习题集 Ⅳ. ①X842-44

中国版本图书馆 CIP 数据核字（2019）第 265319 号

出 版 人 武德凯
责任编辑 赵惠芬
封面设计 彭 杉

出版发行 中国环境出版集团
（100062 北京市东城区广渠门内大街 16 号）
网 址：http://www.cesp.com.cn
电子邮箱：bjgl@cesp.com.cn
联系电话：010-67112765（编辑管理部）
发行热线：010-67125803，010-67113405（传真）
印 刷 北京中科印刷有限公司
经 销 各地新华书店
版 次 2019 年 11 月第 1 版
印 次 2023 年 2 月第 2 次印刷
开 本 787×1092 1/16
印 张 9.25
字 数 192 千字
定 价 40.00 元

《国家水质自动监测系统建设与运行实用技术习题集》

编制指导委员会

《国家水质自动监测系统建设与运行实用技术习题集》

编写委员会

主　编： 刘　京　姚志鹏　杨　凯

副主编： 李晓明　李东一

编　委： 刘　允　刘　京　刘　喆　孙宗光　李东一
李晓明　陈亚男　杨　凯　姚志鹏　嵇晓燕
王建良　韦方洋　付秋月　卢凤媛　卢　研
刘　锋　曲桂玉　许朋琨　闫　鑫　朱建明
陈　鹏　李伟峰　邱文娟　邵美琪　张　孝
段欣念　赵盼盼　崔心栋　谢　康　谭敏锋
瞿　强

前　言

根据生态环境部的战略决策，今后的地表水环境质量监测将采用以自动监测为主、手工监测为辅的技术体系。为适应国家对水质自动监测运维人才的需要，进一步规范地表水自动监测的运行管理及相关技术工作，确保监测数据“真、准、全”，中国环境监测总站积极组织地表水自动监测技术培训，并出版发行了《地表水自动监测系统实用技术手册》和《地表水自动监测系统建设与运行技术要求》（试行）作为培训教材。配合上述两本书的使用，我们编写了本习题集，目的在于帮助大家学习和掌握自动监测技术的基本知识。

本书内容共分十三章，第一章、第二章为水质自动监测站站房建设、采水及系统集成习题，第三章至第十章为水质自动监测站运行维护习题，第十一章、第十二章为数据审核与评价习题，第十三章为运维公司规范化管理习题。

参加编写的除了中国环境监测总站水室的同志，还有来自国家水站建设和运行维护单位的各位同仁，在此对他们表示感谢。

由于编写时间仓促、内容较多，书中可能存在错误，诚请读者批评指正。

编　者

2019 年 6 月 10 日

目　录

第一章　站房建设及采水单元技术要求 1
第二章　系统集成技术要求 18
第三章　五参数分析仪运行维护 31
第四章　氨氮分析仪运行维护 46
第五章　高锰酸盐指数分析仪运行维护 58
第六章　总磷分析仪运行维护 74
第七章　总氮分析仪运行维护 87
第八章　叶绿素 a、蓝绿藻分析仪运行维护 100
第九章　浮船站运行维护 108
第十章　水质自动站运行维护 111
第十一章　数据审核 123
第十二章　数据评价 126
第十三章　运维公司规范化管理 136

第一章　站房建设及采水单元技术要求

一、填空题

1．采水点水质与该断面平均水质的误差不得大于________，在不影响航道运行的前提下采水点尽量靠近主航道。

答案：10%

2．取水点与站房的距离一般不应超出________m。

答案：100

3．采水单元不能明显影响样品监测项目的测试结果，排水点须设在样品水的采水点下游________m 以上的位置。

答案：20

4．无线传输网络（固定 IP 优先）应满足数据传输要求及视频远程查看要求，传输带宽不小于________MB。

答案：20

5．根据系统正常上水的要求，泵的供水量宜为________t/h。

答案：1～4

6．采水单元一般包括______________、__________、____________、清洗配套装置、防堵塞装置和保温配套装置。

答案：采水构筑物　采水泵　采水管道

7．水站站址优先选择常年水深比较稳定、能采集到代表性样品的位置。丰水、枯水季节河道摆幅应小于________m，枯水期采水点水深不小于________m，采水点最大流速一般应低于 3 m/s，便于采水设施的建设和运行维护，保证采水安全。

答案：30　0.5

8．留样设备一般由蠕动泵产生负压采集样品，并通过控制器分配到采样瓶，常用于________情况下留样给实验室检测。

答案：超标

9．水站站址与手工监测断面水质的相对偏差（高锰酸盐指数、氨氮、总磷、总氮等）小于等于________。

答案：15%

10．水站站址距离采水点原则上不超过________m，枯水期时不得超过________m，具备铺设管线和管线保温设施的条件。

答案：150　200

11．采水口位置一般应设在________岸，不能设在河流（湖库）的漫滩处，避开湍流和容易造成淤积的部位。

答案：冲刷

12．固定站面积不得小于________m^2。

答案：100

13．简易站面积不得小于________m^2。

答案：40

14．小型站面积不得小于________m^2。

答案：2

15．水上固定平台站面积不得小于________m^2。

答案：50

16．浮船站长不得小于________m，宽不得小于________m。

答案：5　4

17．系统应配备________和________________，功率应保证突然断电后各自动分析仪能继续完成本次测量周期。

答案：UPS　三相稳压电源

18．采用避雷针是最首要、最基本的措施，完整的防雷装置应包括接闪器、引下线和____________。

答案：接地装置

19．站房内的空调为立柜式冷暖两用，具备________________功能，并根据温度要求自动运行。

答案：来电自动复位

20．仪器室内预留________cm 深地沟，地沟上面加盖板（需便于取放），地沟的地漏和站房排水系统相连。

答案：30

21．水上固定平台外围一周布设防撞桩，数量不小于________根。

答案：12

22．采水系统应具备________________轮换功能，可进行自动或手动切换，满足实时不间断监测的要求。

答案：双泵/双管路

23. 水泵选择时，根据水质情况，当监测水体中悬浮物或浊度过大时，采用____________；否则采用____________。

答案：污水潜水泵　清水潜水泵

24. 水泵选择时，根据扬程情况，当取水头位置与站房的高度差小于________，或平面距离小于 90 m（没有高度差）时，选用________；否则选用潜水泵。

答案：8 m　自吸泵

25. 根据系统正常上水的要求，泵的供水量宜为________～________t/h。

答案：1　4

26. 在采水单元设施建设中，应因地制宜采取不同的采水方式。根据不同采水方式的结构特点可分为____________、浮筒/船/浮标式采水、____________、浮桥式采水、拉索式采水等。

答案：栈桥式采水　悬臂式采水

27. 取水口处应有良好的水力交换，河流取水口不能设在__________、缓流区、__________。

答案：死水区　回流区

28. 拟建地点采水口与原考核断面水质比对报告。比对指标包括 pH、__________、氨氮、高锰酸盐指数、总氮和总磷（湖库增加叶绿素 a）；比对监测频率不低于每天 1 次，至少连续________d；各指标应选用《国家地表水环境质量监测网监测任务作业指导书（试行）》规定的方法进行分析。

答案：溶解氧　5

29. 站房根据具备功能区（仪器室、质控室、值班室）以及面积的不同分为____________、简易式站房、____________。

答案：固定式站房　小型站站房

二、单选题

1. 采样装置的吸水口应设在水下________m 范围内，并能够随水位变化适时调整位置，同时与水体底部保持足够的距离，防止底质淤泥对采样水质的影响。（　　）

A．0.5～0.8　　B．0.5～1.0　　C．1.0～1.5　　D．0.8～1.5

答案：B

2. 水站供电电源使用 380 V 交流电、三相五线制、频率 50 Hz，电源容量要按照站房全部用电设备实际用量的________倍计算。（　　）

A．1　　B．1.5　　C．2　　D．2.5

答案：B

3. 固定式站房的内部设有仪器间、质控间以及生活间等功能区，且满足仪器间面积大于________m^2、质控间面积大于________m^2、生活间面积大于________m^2等要求。(　　)

A. 40，50，50　B. 40，30，40　C. 40，40，30　D. 40，30，30

答案：D

4. 站房内引入自来水（或井水），必要时加设高位水箱。自来水的水量瞬时最小流量________m^3/h，压力不小于________kg/cm^2，保证每次清洗用量不小于 1 m^3。(　　)

A. 3，1　B. 3，0.5　C. 2，1　D. 2，0.5

答案：B

5. 水站站址和手工监测断面无水质类别差异，保证断面属性、主要污染物不变。水站站址与手工监测断面水质的相对偏差（高锰酸盐指数、氨氮、总磷、总氮等）小于等于______。(　　)

A. 25%　B. 15%　C. 20%　D. 10%

答案：B

6. 水站站房应设置排水系统，站房的总排水须排入取水口下游，排水口与取水口的距离至少应大于________m。(　　)

A. 20　B. 10　C. 30　D. 50

答案：A

7. 水质自动站取水口一般应设在________，同时避开湍流和容易造成淤积的部位。(　　)

A. 河流冲刷岸　B. 河流回水区　C. 河流主航道　D. 河流漫滩

答案：A

8. 水质自动监测系统中，采水单元不包括以下哪项？________(　　)

A. 沉淀装置　B. 采样管路　C. 采水泵　D. 栈桥

答案：A

9. 下列设备中，不属于安防单元设备的是________。(　　)

A. 烟雾报警器　B. 门禁　C. 自动灭火器　D. 空压机

答案：D

10. 水站采水点最大流速一般应低于________ m/s，便于采水设施的建设和运行维护，保证采水安全。(　　)

A. 2　B. 3　C. 4　D. 5

答案：B

11. 取水点设在水下________m 范围内，但应防止底质淤泥对采水水质的影响。(　　)

A. 0.5～1　B. 0.8～1.2　C. 0.3～0.6　D. 0.5～1.2

答案：A

12．水站供电电源使用________V 交流电，电源容量要按照站房全部用电设备实际用量的________倍计算。（　　）

A．220，1.5　　B．220，2　　C．380，2　　D．380，1.5

答案：D

13．站房结构需采取必要的保温措施，站房内有空调和冬季采暖设备，室内温度应当保持在________，湿度在________以内。（　　）

A．18～28℃，50%　B．15～25℃，50%　C．18～28℃，60%　D．15～25℃，60%

答案：C

14．固定站站房内空高度应在________m 以上。（　　）

A．2.5　　B．2.8　　C．3.0　　D．3.2

答案：D

15．站房仪器室内应配备冷藏容量不小于________L 的冰柜一台。（　　）

A．80　　B．100　　C．120　　D．140

答案：C

16．固定站站房地面标高（±0.00）能够抵御________年一遇的洪水。（　　）

A．50　　B．80　　C．100　　D．150

答案：C

17．固定站站房原则上应满足________级台风要求，根据当地气象条件可适当调整。（　　）

A．8　　B．10　　C．12　　D．14

答案：C

18．通往国家地表水自动监测站应有硬化道路，路宽不小于________m，且与干线公路相通。站房前有适量空地，保证车辆的停放和物资的运输。（　　）

A．2　　B．3　　C．5　　D．8

答案：B

19．简易站站房现场地基应采用混凝土预先浇注，厚度不低于________cm。遇软弱地基时做相应的地基处理。（　　）

A．20　　B．25　　C．30　　D．35

答案：C

20．小型站结构具有密闭性能、防水防冲击性能，整体防护等级达到________以上。（　　）

A．IP54　　B．IP55　　C．IP65　　D．IP67

答案：A

21．水上浮船站的船体整体防护等级不低于______。（　　）

A. IP54　　B. IP55　　C. IP65　　D. IP67

答案：C

22. 水上浮船站的船舱内环境温度低于________℃，相对湿度低于________%。（　　）

A. 40，60　　B. 45，60　　C. 40，90　　D. 45，90

答案：D

23. 水上浮船站的锚绳或锚链可选用合适粗细的尼龙生丝、铁制锚链、丙纶等材质，锚绳或锚链长度不低于________倍最大水深。（　　）

A. 1.2　　B. 1.5　　C. 1.8　　D. 2.0

答案：B

24. 水上浮船站采用太阳能或风光互补供电方式时，如天气出现异常情况无法连续供电超过________d 时，供电系统应支持增加或更换现场的畜电池或接入市电（220 V），以保证电力供应正常。（　　）

A. 10　　B. 14　　C. 20　　D. 30

答案：A

25. 水上浮船站应加装避雷针，避雷针应高于浮船上所有的天线支架等设施至少________cm，以避免在开阔水域被雷击而损坏设备。（　　）

A. 30　　B. 50　　C. 80　　D. 100

答案：B

26. 系统和供电单元应设置防雷设施，设施具备________级电源防雷和通信防雷功能，应符合《建筑物防雷设计规范》（GB 50057—2010）的要求。（　　）

A. 二　　B. 三　　C. 四　　D. 五

答案：B

27. 水上固定平台适用于水深________m 以内的湖库。（　　）

A. 5　　B. 8　　C. 10　　D. 15

答案：C

28. 例行维护包括站房基础设施检查、配套设施检查。运维维护主要是定期对水站站房及配套设施进行巡检检查，巡检检查频次不得低于每_____一次，并记录巡检检查情况。（　　）

A. 日　　B. 周　　C. 月　　D. 年

答案：B

三、多选题

1. 采水单元一般包括________和保温配套装置。（　　）

A. 采水构筑物　　B. 采水泵　　C. 采水管路

D．配水管路　　E．清洗配套装置　　F．沉砂箱

答案：ABCDE

2．根据不同采水方式的结构特点可分为________等。（　　）

A．栈桥式采水　　B．浮筒/船/浮标式采水　　C．浮桥式采水

D．拉索式采水　　E．悬臂式采水

答案：ABCDE

3．水站内集中了多种电气系统，除站房建筑物防雷外，还需预防雷电入侵的主要系统有________。（　　）

A．电源系统　　B．通道和信号系统　　C．预处理系统　　D．接地系统

答案：ABD

4．地表水自动在线监测系统的视频监控单元由________三部分。（　　）

A．前端系统　　B．硬件系统　　C．传输网络　　D．监控平台

答案：ACD

5．为防止泥沙或藻类堵塞管路，影响监测结果，在配水系统中需要考虑清洗功能。清洗系统应满足以下功能________。（　　）

A．清洗流程保证仪器在每完成一次分析后，能够清洗系统管道和反洗外部采水管道

B．系统所使用的清水必须为自来水，并根据实际需要确定清洗水量和水压

C．系统清洗的操作，可以通过现场或远程进行自动或手动控制

D．考虑到不对环境造成二次污染，应不使用化学清洗的方法

答案：ACD

6．水站站址距离采水点原则上不超过________m，枯水期时不得超过________m，具备铺设管线和管线保温设施的条件。（　　）

A．300　　B．200　　C．150　　D．100

答案：CB

7．采水系统的检查维护的内容包括________。（　　）

A．采水浮筒固定情况

B．自吸泵储水罐中是否有水，电机风叶转动是否灵活、均匀、无异物

C．取水管路是否出现打折，是否畅通

D．过滤网是否有杂物

答案：ABCD

8．视频监控单元前端视频监控设备布设必须至少包括以下位置________。（　　）

A．站房外取水口　　B．站房外院落　　C．站房进门处　　D．站房仪表间

E．站房质控室

答案：ACD

9. 水上固定平台的供电系统包括________。（　　）

A．风力发电机　B．光伏发电板　C．充电控制器　D．胶体免维护蓄电池

答案：ABCD

10. 浮船站安防应包括________等部分。（　　）

A．水上定位　B．舱室漏水报警　C．警示设备　D．防雷设计

答案：ABCD

11. 固定站站房内部包括________等部分。（　　）

A．质控室　B．仪器室　C．值班室　D．实验室

答案：ABC

12. 站房的配套设施包括“四通一平”，“四通”包括________等。（　　）

A．通水　B．通电话　C．通气　D．通电

E．通路　F．通信

答案：ADEF

13. 水站内集中了多种电气系统，需预防雷电入侵的主要途径，包括________等。（　　）

A．电源系统　B．通道和信号系统　C．接地系统　D．采水系统

答案：ABC

14. 站房质控室内至少配有防酸碱化学实验台1套，实验台应具备________等特性。（　　）

A．耐强酸碱腐蚀　B．耐磨性　C．耐冲击性　D．耐污染性

答案：ABCD

15. 站房频监控单元云台操作应具备________等功能。（　　）

A．全方位　B．多视角　C．无盲区　D．全天候式

答案：ABCD

16. 采水单元的常见采水方式包括________等。（　　）

A．栈桥式　B．浮筒/船/浮标式　C．悬臂式　D．浮桥式

答案：ABCD

17. 站房采排水单元运行维护时每次对水站巡检主要检查的内容包括________等。（　　）

A．周边环境　B．站房主体　C．门窗密闭　D．供电线路

E．光纤线路　F．供水设施情况

答案：ABCDEF

18. 地表水水质自动监测系站采排水单元运行维护包括________等。（　　）

A．例行维护　B．保养检修　C．故障检修　D．停机维护

答案：ABCD

19．站房视频监控单元功能包括________等。（　　）

A．实时监控功能　B．云台操作功能　C．录像存储功能　D．语音监听功能

E．远程维护功能

答案：ABCDE

20．水上固定平台的要求包括________等。（　　）

A．面积不小于 40 m^2　B．可抗 8 级台风　C．配备相应的警示标志

D．安装实时视频监控系统　E．外围设置防撞围栏

答案：CDE

21．浮船站由________等部分构成。（　　）

A．船体　B．浮柱　C．防撞及太阳能组件

D．防雷设备　E．试剂保存舱　F．安防设施

答案：ABCDEF

22．浮船站的要求包括________等。（　　）

A．船体长度不小于 5 m，宽度不小于 4 m　B．船体整体防护等级不低于 IP54

C．具备偏移报警功能　D．可自动开始风扇散热

答案：ACD

23．采水单元采水管道铺设的要求包括________等。（　　）

A．开挖宽度不小于 0.5 m　B．开挖深度一般不小于 0.3 m

C．管道上层做好防误挖保护　D．对管路施工铺设处做好施工警示

答案：ACD

24．浮筒/船/浮标式采水方式的特点包括________等。（　　）

A．适用于水流急河道　B．适用于浅滩长河道

C．水位有一定变化的湖库和河道　D．具备对河道监测断面的多点位监测

答案：ABC

四、判断题

1．长时间停机（连续停机时间超过 24 h），对采样水泵断电处理即可，再次运行时需要检查采样单元运行情况。（　　）

答案：×

2．管路铺设为保证水管、线管等管路施工操作方便，开挖宽度不小于 0.5 m，深度一般不小于 0.5 m，冰冻地区开挖深度应满足当地防冻深度需求，管路预埋在开挖渠内靠站房并高于河涌一侧，且中间渠内无 U 字形地平。（　　）

答案：√

3. 在河流干流或重要支流的上游选择背景断面，应设置在市、镇的上游，距市镇不超过 100 km。（ ）

答案：×

4. 为评价河流（或河段）、湖泊、水库的整体水质现状和变化趋势而设置趋势断面，选择在评价河段、湖库的平均水平位置，避开典型污染水区、回流区、死水区；该断面上游 1 000 m 和下游 200 m 范围内没有排放口。（ ）

答案：√

5. 枯水季节采水点水深不小于 1 m，采水点最大流速应低于 3 m/s，有利于采水设施的建设和运行。（ ）

答案：√

6. 水质自动监测系统中采水单元所采用的水泵目前有两种，一种是潜水泵，另一种是自吸泵。（ ）

答案：√

7. 水质自动监测系统中采水单元如采用自吸泵，则自吸泵距采水点落差应小于 10m，距离小于 50 m。（ ）

答案：×

8. 水站取水口应设在水下 0.5～1 m 范围内。（ ）

答案：√

9. 水站网络通信建设应以光纤/ADSL 有线网络为主，确实无法满足的，可选用无线网络进行传输，带宽不低于 10 MB，满足监测数据传输要求。（ ）

答案：×

10. 水站站址与手工监测断面之间应无排污口汇入，可以有小的水质好的支流汇入。（ ）

答案：×

11. 在不影响航道运行的前提下，采水点尽量靠近主航道。（ ）

答案：√

12. 国界河流（湖泊）水站必须建设固定式站房。（ ）

答案：√

13. 枯水季节采水点水深不小于 1 m，采水点大流速应低于 2 m/s，有利于采水设施的建设和运行。（ ）

答案：×

14. 电源线引入方式符合国家相关标准，穿墙时采用穿墙管。施工参考《建筑电气工程施工质量验收规范》（GB 50303—2002）。（ ）

答案：√

15. 电源动力线和通信线、信号线相互屏蔽，以免产生电磁干扰。（　　）

答案：√

16. 站房仪器室内仪器摆放顺序从靠近配电系统可分别为五参数/预处理单元、氨氮、高锰酸盐指数、总磷、总氮、其他特征污染物仪器及主控制柜。（　　）

答案：×

17. 视频单元前端视频监控设备包括网络红外球型摄像机和网络红外非球型摄像机。（　　）

答案：×

18. 视频单元前端视频监控设备中的高清网络录像机需支持不低于500万像素高清网络视频的预览、存储和回放。（　　）

答案：×

19. 水上固定平台的平台台面可以采用钢结构材质或者采用混凝土浇筑结构等，台面承重强度要求不低于200 kg/m^2。（　　）

答案：√

20. 水上固定平台的平台需设置上下用的楼梯，最下一级应高于建设位置的历史最低水位。（　　）

答案：×

21. 水上平台可抗12级台风，使用寿命不小于20年。（　　）

答案：×

22. 当取水头位置与站房的高差小于6 m，或平面距离小于60 m（没有高差时）一般选用离心泵，否则应选用潜水泵。（　　）

答案：×

23. 采水单元采水泵根据系统正常上水的要求，泵的供水量宜为1～4 t/h。（　　）

答案：√

24. 为保证水管、线管等管路施工操作方便，开挖宽度不小于0.5 m，深度一般不小于1 m。（　　）

答案：×

25. 采水管道铺设平滑并具有一定坡度，尽可能增加弯头数量，避免管道内部存水。（　　）

答案：×

26. 采水管道在系统设计时，设置反冲洗装置，以防止淤泥沉积和藻类聚集。（　　）

答案：√

27. 栈桥式采水可永久性、有效防洪的河道断面，具备建设栈桥条件的场合使用。（　　）

答案：√

28. 栈桥式采水适用于各种环境，可适用于水流急、浅滩长、水位有一定变化的湖库、河道等监测断面。（　　）

答案：×

29. 悬臂式采水具备对河道监测断面的多点位监测。（　　）

答案：×

30. 水站站房内所有排水均汇入排水管径不小于 DN120 总管道，并经外排水管道排入相应排水点。（　　）

答案：×

31. 水质自动监测取水点必须在水下 1.5～2 m 的深度。（　　）

答案：×

32. 浮桥式采水适用于可永久性、有效防洪的河道断面，具备建设栈桥条件的场合使用。（　　）

答案：×

33. 采水单元采用双泵单管路配置设计（潜水泵或离心泵），一用一备，满足实时不间断监测要求。（　　）

答案：×

34. 湖库：面积在 100 km^2（或储水量在 10 亿 m^3 以上）的重要湖泊，库容在 10 亿 m^3 以上的重要水库以及重要跨国界湖库等，重点增加良好湖库点位。一般每 50～100 km^2 设置一个监测点位，同时空间分布具有代表性。（　　）

答案：√

35. 固定式站房总面积应大于 60 m^2，内部应设有仪器间、质控间以及生活间等功能区。（　　）

答案：×

36. 简易式站房其内部设有仪器间、质控间及生活间等功能区，且满足总面积大于 40 m^2 的要求。（　　）

答案：√

37. 小型式站房其内部一般只能安装一套地表水水质在线监测系统，且满足总面积约为 8 m^2 的要求。（　　）

答案：×

五、问答及案例分析题

1. 在地表水自动监测站的建设过程中，采水单元建设是重要的一部分，建设者需因地制宜采取不同的采水方式，保证采到的水样具有稳定性、代表性等。请简单列举 5 种采水方式并分别说明其适用环境。

答案：

类型	采水方式	适用环境
1	栈桥式	水位变化小于 20 m，水深 1～8 m，水流速小于 2.0 m/s，河床宽度小于 5 m 的监测断面
2	浮筒/船/浮标式	可适用于水流急、浅滩长、水位有一定变化的湖库、河道支流等监测断面
3	悬臂式	地形比较复杂不便于使用固定式桥或者避免河道整治的而临时的取水方案，一般适用于河岸陡峭、水流较急、漂浮物多、水位有一定变化的河道监测断面
4	浮桥式	湖库等水流缓慢的监测断面
5	拉索式	需要对河道监测断面的多点位监测，且河道不可太宽、航行船只少

2．为尽可能采集到代表性的样品，真实反映水质状况和变化趋势，同时保证采水设施安全和维护便利，简述采水口选址应该满足哪些条件。

答案：（1）在不影响航道运行的前提下，采水点尽量靠近主航道。

（2）采水口位置一般应设在冲刷岸，不能设在河流（湖库）的漫滩处，避开湍流和容易造成淤积的部位，丰水期、枯水期离河岸距离原则上不得小于 10 m。

（3）采水口处应有良好的水力交换，不能设在死水区、缓流区、回流区。

（4）取水点设在水下 0.5～1 m 范围内，但应防止底质淤泥对采水水质的影响。

3．水站站址尽可能选择国控手工监测断面处，以保证监测数据的连续性。现场不具备建站条件需另外选址的，须满足哪些要求？（至少答出 5 点）

答案：（1）水站站址与手工监测断面之间无支流、排污口汇入。

（2）水站站址和手工监测断面无水质类别差异，保证断面属性、主要污染物不变。

（3）水站站址与手工监测断面水质的相对偏差（高锰酸盐指数、氨氮、总磷、总氮等）小于等于 15%。

（4）水站站址优先选择常年水深比较稳定、能采集到代表性样品的位置。丰水、枯水季节河道摆幅应小于 30 m，枯水期采水点水深不小于 0.5 m，采水点最大流速一般应低于 3 m/s，便于采水设施的建设和运行维护，保证采水安全。

（5）水站站址距离采水点原则上不超过 150 m，枯水期时不得超过 200 m，具备铺设管线和管线保温设施的条件。

（6）水站网络通信建设应以光纤/ADSL 有线网络为主，确实无法满足的，可选用无线网络进行传输，带宽不低于 20 MB，满足监测数据传输要求。

4．请简述水站站房的类型以及各自的面积（如果站房有分区，详细写出各分区的面积）。

答案：水站站房的类型包括：固定站、简易站、小型站、水上固定平台站、浮船站。

固定站：站房面积不小于 100 m^2，固定式站房监测仪器室不小于 40 m^2、质控室不小于 30 m^2、值班室不小于 30 m^2，分单层或双层建设。

简易站：站房面积不小于 40 m^2，质控室和监测仪器室可合并建设。

小型站：站房面积不小于 2 m^2。

水上固定平台站：平台使用面积不小于 50 m^2，根据实际使用需求选择合适的方形或圆形台面。

浮船站：船体长度不小于 5 m，宽度不小于 4 m。

5. 水站站房建设必须满足建设要求，针对各地实际情况可因地制宜选择适宜的站房类型，请简述水站类型选择的原则。

答案：（1）原则上优先选择固定式站房。

（2）水站站址能满足站房建设面积要求的，优先考虑采用单层站房结构。

（3）水站站址存在洪涝隐患的情况下，优先考虑双层站房结构，监测仪器室可根据站点实际情况布置在一楼或者二楼。

（4）水站站址受建设条件（地基、规划、河道）影响，考虑采用简易式站房结构。

（5）水站站址受建设条件（景区、城区、管制区）制约，考虑采用小型式站房结构。

（6）水站站址根据建设要求需选定在河、湖中且水深在 10 m 以内的，考虑采用水上固定平台站。

（7）水站站址无法满足供电要求，可考虑采用水上浮标站或水上浮船站。

（8）国界河流（湖泊）水站必须建设固定式站房。

6. 请简述站房防雷的有关要求和主要途径。

答案：（1）对于直击雷的防护。采用避雷针，包括接闪器、引下线和接地装置。

（2）电源系统、通信系统的防护。在总电源处加装避雷箱。

通信系统防护：对于卫星通信系统，应在馈线电缆进入站房时安装同轴馈线保护器；对于电话线系统，应采用电话线路防雷保护器。

（3）接地系统。站房内电源保护接地与建筑物防雷保护接地之间要加装等电位均衡器。

7. 请简述视频单元前端视频监控设备布设的主要位置和用于监控的位置。

答案：（1）站房外取水口：安装在靠近取水口岸边，并考虑 50 年一遇的防洪要求，用于监控取水口及站房周边情况。

（2）站房进门处：安装在站房大门附近墙壁上，用以监控人员进出站房情况。监控设备应配置枪机，固定监控视角。

（3）站房仪表间：安装在集成机柜正面墙壁上，用于监控仪表间内部设备运行情况。

8. 请简述水上浮船站锚定的主要要求。

答案：（1）船体锚定方式可根据现场水深、水文条件选择合适的单锚、八字锚或双八字锚等锚定方式。

（2）锚系材料应防腐、防磨损，锚链断裂强度应不小于 1.5 万 N，便于浮标的拖曳和维护。

（3）锚可根据底质条件选用合适重量的霍尔锚、三角锚、沉石等。

（4）锚绳或锚链可选用合适粗细的尼龙生丝、铁制锚链、丙纶等材质，锚绳或锚链长度不低于 1.5 倍最大水深。

9．请简述采水单元采水泵选择的基本原则和采水泵的功能要求。

答案：（1）水泵选择的基本原则。

一般选用清水潜水泵；当监测水体浊度过大时，应选择污水潜水泵。

当取水头位置与站房的高差小于 8 m，或平面距离小于 80 m（没有高差时）一般选用离心泵，否则应选用潜水泵。

应综合考虑采水单元采水泵的选择，需满足水质监测系统运行所需水量、水压，根据现场采水距离、水位落差配置相应功率的采水泵。

（2）采水泵功能要求。

输水压力要求：压力设计要充分考虑现场的采水距离和扬程落差，应保障水样顺利输送到站房内，同时还要留有一定的余量。

输水量要求：根据系统正常上水的要求，泵的供水量宜为 1～4 t/h。

10．请简述采水单元采水管路清洗的一般设计。

答案：采水管路清洗设计应具有管道反冲洗和自动排空管道功能，采水完成后系统自动排空管道并清洗，清洗过程不对环境造成污染。除藻装置可以定期自动或手动操作，配合清洗水和压缩空气，通过控制总管路及配水管路的电动阀门，可分别对外部采水管路和内部配水进行反冲洗，以防止管路堵塞，并达到对管路的除藻作用。

11．请分类讨论站房的总排水设计和相关要求。

答案：站房的总排水：必须排入水站采水点的下游，排水点与采水点间的距离应大于 20 m。

仪器设备的废液：各类试剂废水按照危险废物管理要求，单独收集、存放和储运，并统一处置。

站房生活污水：纳入城市污水管网送污水处理厂处理或经污水处理设施处理达标后排放，排放点应设在采水点下游。

站房内的采样回水汇入排水总管道，并经外排水管道排入相应排水点，排水总管径不小于 DN150，以保证排水畅通，并注意配备防冻措施。

特殊区域因地理环境等因素不能直排的可建设防渗漏渗井。

12．根据地表水水质自动站站房外部环境状况，在规定的时间对站房基础设施进行预防性的检查、维修。站房保养检修工作不能够影响水质自动站正常运行。水质自动站站房保养检修根据情况每年不低于一次进行检修。请简述主要工作内容。

答案：（1）检查站房避雷设施情况，避雷设施根据情况进行防锈处理。每年进行一次防雷检测。

（2）检查站房屋顶防水情况，根据实际情况进行防水修缮。

（3）检查站房主体结构情况。

（4）检查站房仪器间排水槽情况。

（5）检查水塔工作运行情况，并对水泵进行养护或者更换。

（6）做好保养检修工作记录，重要的工作内容拍照留档。

13．请简述地表水水质自动监测站站房及采排水单元验收的验收程序和验收内容。

答案：（1）验收申请。

当水站完成站房建设和采排水单元建设后可申请验收。当水站站房重新装修或采水单元发生重大调整应重新申请验收。

（2）验收检查。

验收当日按照验收内容的资料清单进行现场检查，并对部分项目进行抽查。

（3）验收内容。

①责任环境保护行政主管部门出具的地表水水质自动监测站点位论证报告；

②站房建设图纸；

③采水设施施工图纸；

④站房防雷接地检测报告；

⑤固定资产登记表；

⑥地表水水质自动监测站站房检查表；

⑦地表水水质自动监测站采水设施检查表。

14．点位勘察论证材料包括哪些内容？

答案：（1）新建水站基础信息表；

（2）新建水站站房和采水口周围污染源信息；

（3）拟建地点图集；

（4）拟建地点采水口与原考核断面水质比对报告。

15．站房供电时根据仪器、设备的用电情况，在380 V供电条件下总配电是如何采取分相供电的？

答案：一相用于照明、空调及其他生活用电（220 V），一相供专用稳压电源为仪器系统用电（220 V），另外一相为水泵供电（220 V）。

16．站房建设的质量保证包括哪些？

答案：（1）选择有技术资质的设计、承建单位；

（2）有设计图纸、施工方案和技术措施；

（3）选择合格的材料或半成品（带质检报告）；

（4）有关键工序质量检验报告；

（5）如有设计变更、修改图纸，需设计方核定；

（6）有质量问题的处理报告；

（7）有隐蔽工程的检验报告。

第二章　系统集成技术要求

一、填空题

1．中国环境监测总站通过互联网，利用________通信方式（虚拟专用网络），实现对各水站的实时监视、远程控制、________和数据传输。

答案：VPN　数据采集

2．地表水自动监测是对地表水样品进行自动________、处理、________、数据传输的整个过程。

答案：采集　分析

3．水站由监测站房、____________、配水单元、分析测试单元、质控单元、____________、控制单元、_____________与传输单元和辅助单元等组成。

答案：采水单元　留样单元　数据采集

4．集成系统具有仪器及系统运行周期（连续或间歇）设置功能，至少具备________、________、________等多种运行模式。

答案：常规　应急　质控

5．水质自动监测系统能够实现对高锰酸盐指数、氨氮、总磷和总氮水质自动分析仪器进行自动___________、跨度核查、__________________、________________、平行样测试等质控功能。

答案：零点核查　加标回收率测试　标准样品核查

6．集成系统需能够存储不少于________年的原始数据和运行日志。

答案：1

7．集成系统具有废液收集装置，能满足________以上废液量的收集。

答案：两周

8．集成系统的仪器通信及数据传输需满足《国家地表水自动监测系统________________》和《国家地表水自动监测仪器________________》的要求。

答案：通信协议技术要求　通信协议技术要求

9．国家地表水自动监测系统的标准监测项目为九参数，分别为：________、pH、_________、电导率、________、氨氮、________________、总氮和总磷。

答案：水温　溶解氧　浊度　高锰酸盐指数

10. 国家地表水自动监测系统除常规九参数外，湖库站点还新增了________和________两个参数。

答案：叶绿素 a　藻密度

11. 预处理单元应具备设备扩展功能，条件具备的水站预留不少于_________台设备的接水口、排水口以及_________________用的手动取水口。

答案：2　水样比对实验

12. 配水单元的____________、____________和_____________等均具有自动清洗功能。

答案：五参数检测池　预处理装置单元　供样单元

13. 预处理主要是指根据仪器对样品水的要求采取的________、______、________等措施。

答案：预沉淀　过滤　匀化

14. 控制单元由水站_____________、_______________、______________和通信网络组成。

答案：控制软件　工业控制计算机　PLC 控制器

15. 通信网络一般采用_____________和______________的方式，用于与环保平台的通信。

答案：光纤宽带　4G 无线传输

16. 集成系统控制单元应具备对自动分析仪器的启停、________、________、质控测试等控制功能。

答案：校时　校准

17. 地表水在线监测系统从底层逐级向上可分为________、传输网络和________3 个层次。

答案：现场机（水站）　上位机（总站数据平台）

18. 集成系统的数据传输与通信应具备对通信链路的自动诊断功能，具备__________功能。

答案：超时补发

19. 本项目上位机数据接收平台的 IP 为：___________，端口号：___________。

答案：10.1.0.106　8100

20. 辅助单元的试剂保存应保证分析仪器运行时所用的化学试剂处于____℃低温保存。

答案：4±2

21. 运维单位应至少每________个站点配备 1 辆运维车辆。

答案：4

22. 水质自动监测站系统是一套以______________为核心，运用现代传感器技术、自动测量技术、______________、计算机应用技术以及相关的专用分析软件和__________所组成的一个综合性的水质自动监测体系。

答案：在线自动分析仪器　自动控制技术　通信网络

23. 采水、配水单元设计上考虑了________、沉砂、________、补水系统，确保仪器对样品水的要求得到满足。

答案：过滤　清洗

24. 水站系统对于断电、________等意外事件具有智能诊断、自动保护及__________功能。

答案：断水　自动恢复

25. 仪器自动分析的常规模式是指系统经“________、预处理、________、仪器分析、数据保存上传”等一系列步骤的测试模式。

答案：采水　供样

26. 仪器自动分析的常规模式下，系统只进行基本的水样测试流程，流程所需时间不超过________h，测试间隔一般设置________h。

答案：2　4

27. 仪器自动分析的应急模式是指系统经“采水、预处理、供样、仪器分析、数据保存上传”并持续循环“_____________、______________、______________”步骤的测试模式。

答案：供样　仪器分析　数据保存上传

28. 在仪器自动分析的应急模式下，五参数数据________min 保存上传一次，其他参数分析仪水样进行_________。

答案：5　连续分析

29. 质控模式是指在水样测试流程中，穿插零点核查、______________、标准样品核查、______________、加标回收率测试等质量控制措施的系统运行模式。

答案：跨度核查　平行样测试

30. 加标回收流程中仪器分析步骤相当于进行了两次，所以加标回收测试流程需________h 以上的测试时间，但不能超过________h，否则会影响系统的下一次测试进行。

答案：3　4

31. 目前，国家水质自动监测系统的五参数测试要求每________h 保存上传一组数据，故在非水样测试的整点时刻，五参数需单独执行一次测试流程。

答案：1

32. 水质自动监测站点应具备良好的_____________、站点的长期性、系统的安全性和________________。

答案：水质代表性　运行的经济性

33. 自动监测站网络通信建设应以________或 ADSL 有线网络为主，确实无法满足的，可选用无线网络进行传输，带宽不低于________MB，满足监测数据传输要求。

答案：光纤　20

34. 水站供电电源使用________V 交流电、三相四线制、频率 50 Hz，电源容量要按照站房全部用电设备实际用量的________倍计算。

答案：380 1.5

35. 水站内集中了多种电气系统，需预防雷电入侵的主要有 3 种途径，包括__________、通道和信号系统、__________。

答案：电源系统 接地系统

36. 采水单元由______________、采水泵（根据实际情况选择潜水泵或自吸泵）、防堵塞装置、____________、保温配套装置（根据气候条件配置）、清洗配套装置、采水管道反冲洗装置及自动采样设备组成。

答案：采水构筑物 采水管路

37. 质控模块由供样系统、____________、做样系统、__________以及清洗系统组成。

答案：加标系统 排空系统

38. 浮船式水站由浮体平台（船体、浮柱、防撞装置等）、____________、分析单元、控制单元和辅助单元（____________单元、安防装置等）等组成。

答案：采水单元 太阳能供电

39. 浮船式水站设计特点有：①轻量化设计；②____________设计；③____________设计；④维护便利性设计。

答案：抗风浪 试剂箱水冷

40. 浮船站在锚定时利用牵引船在指定位置下锚，锚链长度应大于________倍最大历史水深，锚链断裂强度应不小于 1.5 万 N。船体锚定方式可根据现场水深、水文条件选择合适的单锚八字锚、__________等锚定方式。锚可根据底质条件选用合适重量的霍尔锚、三角锚、沉石等。

答案：1.5 双八字锚

41. 采水管道材质应有足够的强度，可以承受内压，且使用年限长、性能可靠、__________________，不与水样中被测物产生物理和化学反应，避免污染水样。

答案：具有极好的化学稳定性

42. 水质自动监测系统中的预处理装置针对不同分析仪器（COD_{Mn}、氨氮、总磷、总氮）要求和水样情况，进行自然沉降________预处理方式，必要时进行粗滤和精滤等方式，但均____________________、______________________。

答案：30 min 不能改变水样的代表性 不能影响测试结果可靠性

43. 水质自动监测系统中所用的 UPS 要求__________________，断电后至少能保证仪器完成一个测量周期和数据上传，且待机时间不少于________。

答案：总功率≥3 kVA 1 h

二、单选题

1. 水质自动监测系统运行的常规模式一般设置测试时间间隔为________。（　　）

A. 1 h　　B. 2 h　　C. 3 h　　D. 4 h

答案：D

2. 水质自动监测系统运行的应急模式下，五参数分析仪的测试数据每________min 保存上传。（　　）

A. 1　　B. 5　　C. 10　　D. 30

答案：B

3. 标准样品核查、零点核查、跨度核查的流程需在________内完成。（　　）

A. 30 min　　B. 1 h　　C. 2 h　　D. 4 h

答案：B

4. 当取水头位置与站房的高度差小于________m，或平面距离小于 90 m（没有高度差）时，选用自吸泵；否则选用潜水泵。（　　）

A. 5　　B. 6　　C. 8　　D. 10

答案：C

5. 预处理主要是指根据仪器对样品水的要求采取的预沉淀、过滤、匀化等措施，源水应沉降________min。（　　）

A. 30　　B. 40　　C. 60　　D. 15

答案：A

6. 数据采集与传输应完整、准确、可靠，采集值与测量值误差≤________%。（　　）

A. 1　　B. 5　　C. 3　　D. 10

答案：A

7. 不属于集成系统的辅助单元部分是________。（　　）

A. 稳压电源　　B. UPS 电源　　C. 空压机　　D. 工控机

答案：D

8. 采水、配水单元设计上考虑了________、沉沙、清洗、补水系统，确保仪器对样品水的要求得到满足。（　　）

A. 除藻　　B. 过滤　　C. 气洗　　D. 超声波

答案：B

9. 质控模式下，加标回收测试流程不超过________h。（　　）

A. 1　　B. 2　　C. 3　　D. 4

答案：D

10．标准样品核查、零点核查、跨度核查等测试流程需在________h 内完成。（ ）

A．1　　B．2　　C．3　　D．4

答案：A

11．五参数在________下要求 1 h 保存上传一组数据。（ ）

A．连续模式　　B．质控模式　　C．应急模式　　D．常规模式

答案：B

12．自动监测站房距离取水点原则上不超过________m，枯水期时不得超过 200 m，具备铺设管线和管线保温设施的条件。（ ）

A．150　　B．120　　C．80　　D．100

答案：A

13．取水口位置一般应设在冲刷岸，不能设在河流（湖库）的漫滩处，避开湍流和容易造成淤积的部位，丰水期、枯水期离河岸的距离不得小于________m。（ ）

A．15　　B．20　　C．10　　D．50

答案：C

14．简易式站房其内部设有仪器间、质控间及生活间等功能区，且满足总面积大于________m^2 的要求。（ ）

A．20　　B．50　　C．45　　D．40

答案：D

15．________采水方式适用于采水点年水位最低点距离站房地面垂直距离小于 6 m、水平距离小于 30 m 的河流。（ ）

A．自吸泵采水　　B．浮筒式　　C．拉杆式　　D．浮船式

答案：A

16．________不属于清洗水要求。（ ）

A．自来水　　B．井水　　C．源水　　D．经过净化的河水

答案：C

17．________不属于常规的清洗方法。（ ）

A．化学试剂清洗　　B．加压水清洗　　C．压缩空气清洗　　D．超声波清洗

答案：A

18．所测量水样是不需要经过预处理的监测因子是________。（ ）

A．氨氮　　B．溶解氧　　C．高锰酸盐指数　　D．总磷

答案：B

19．根据系统正常上水的要求，源水泵的供水量宜为________ t/h。（ ）

A．1～4　　B．0.5～2　　C．2～3　　D．2～5

答案：A

20．水质自动监测系统中的预处理及配水单元需具备设备扩展功能，条件具备的水站预留不少于________台设备的接水口、排水口以及水样比对实验用的手动取水口。（　　）

A．4　　B．2　　C．3　　D．5

答案：A

21．稳压电源要求功率为________。（　　）

A．≥10 kW　　B．≥5 kW　　C．≥12 kW　　D．≥15 kW

答案：A

三、多选题

1．水质自动监测站由站房、采水单元、________、分析测试单元、质控单元、数据采集与传输单元和辅助单元等组成。（　　）

A．配水单元　　B．温控单元　　C．留样单元　　D．控制单元

答案：ACD

2．集成系统具有仪器及系统运行周期（连续或间歇）设置功能，至少具备________、质控等多种运行模式。（　　）

A．常规　　B．间断　　C．应急　　D．受控

答案：AC

3．国家地表水自动监测除常规九参数外，湖库站点还增加了________两个参数。（　　）

A．生物毒性　　B．叶绿素 a　　C．藻密度　　D．总叶绿素

答案：BC

4．根据系统正常上水的要求，泵的供水量宜为________～________t/h。（　　）

A．1　　B．2　　C．4　　D．5

答案：AC

5．集成系统要求配水单元的________等均具有自动清洗功能。（　　）

A．取水头　　B．五参数检测池　　C．预处理装置单元　　D．供样单元

答案：BCD

6．预处理主要是指根据仪器对样品水的要求采取的________等措施。（　　）

A．预沉淀　　B．过滤　　C．蒸馏　　D．匀化

答案：ABD

7．控制单元由水站________组成。（　　）

A．控制软件　　B．工业控制计算机　　C．PLC 控制器　　D．通信网络

答案：ABCD

8．集成系统控制单元应具备对自动分析仪器的________等控制功能。（　　）

A．启停　　B．校时　　C．校准　　D．质控测试

答案：ABCD

9．水站系统对于_______、_______等意外事件具有智能诊断、自动保护及自动恢复功能。（　　）

A．洪水　　B．台风　　C．断电　　D．断水

答案：CD

10．常规模式是指系统经“_________、仪器分析、数据保存上传”等一系列步骤的测试模式。（　　）

A．采水　　B．过滤　　C．预处理　　D．供样

答案：ACD

11．水质自动监测站点应具备良好的________和运行的经济性。（　　）

A．水质代表性　　B．站点的长期性　　C．水样的稳定性　　D．系统的安全性

答案：ABD

12．站房根据具备功能区（仪器室、质控室、值班室）以及面积的不同分为________。（　　）

A．固定式站房　　B．简易式站房　　C．小型站站房　　D．集装箱站房

答案：ABC

13．手工监测时，要求在水深＞10 m 的河流采样垂线上采样点设置为_________。（　　）

A．上层　　B．底层　　C．下层　　D．中层

答案：ACD

14．集成系统的辅助单元部分包括_________。（　　）

A．工控机　　B．UPS 电源　　C．空压机　　D．稳压电源

答案：BCD

15．集成系统常规的清洗方法有_________。（　　）

A．超声波清洗　　B．加压水清洗　　C．压缩空气清洗　　D．化学试剂清洗

答案：ABC

四、判断题

1．集成系统辅助单元需配备 UPS（总功率≥3 kW，断电后至少能保证仪器完成一个测量周期和数据上传，且待机不少于 1 h）、三相稳压电源（功率≥10 kW）。（　　）

答案：√

2．国家自动监测系统上位机数据接收平台的 IP 为 10.1.0.106、端口号为 8100。（　　）

答案：√

3．集成控制单元需具备对留样单元的留样、排样的控制功能。（　　）

答案：√

4．通信网络一般采用光纤宽带和 3G 无线传输的方式，用于与环保平台的通信。（　　）

答案：×

5．集成系统控制单元主要包括：中央控制单元、通信控制单元、控制输出单元、数据采集单元、数据存储单元。（　　）

答案：√

6．水质自动分析仪器（常规五参数外）及控制单元须具有三级管理权限。（　　）

答案：√

7．手工监测时，在水深＞10 m 的河流采样垂线上采样点数的设置为上下层两点。（　　）

答案：×

8．控制单元中水质控制软件主要负责按编好的流程控制采水、配水、辅助单元的工作。（　　）

答案：×

9．常规站辅助单元中需配备 UPS（总功率≥3 kW，断电后至少能保证仪器完成一个测量周期和数据上传，且待机不少于 1 h）。（　　）

答案：√

10．常规模式下，系统只进行基本的水样测试流程，流程所需时间不超过 4 h，测试间隔一般设置 4 h。（　　）

答案：×

11．采集现场平行样时，应等体积轮流分装成 2 份，并分别加入保存剂，注意不要装完一份样品再装另一份样品。（　　）

答案：√

12．失控状态（out of control state）是指水站仪器设备维护期间及不满足质控要求的区间。（　　）

答案：√

13．国家地表水水质自动监测网的网络层次建设分为 4 个层次。（　　）

答案：×

五、简答题

1．请简述水质自动监测站由哪些部分组成。

答案：水站由监测站房、采水单元、配水单元、分析测试单元、质控单元、留样单元、控制单元、数据采集与传输单元和辅助单元等组成。

2．国家地表水自动监测要求集成对高锰酸盐指数、氨氮、总磷和总氮水质自动分析仪器实现哪些质控功能？

答案：零点核查、跨度核查、标准样品核查、加标回收率测试、平行样测试。

3．请简要绘制常规模式的流程图。

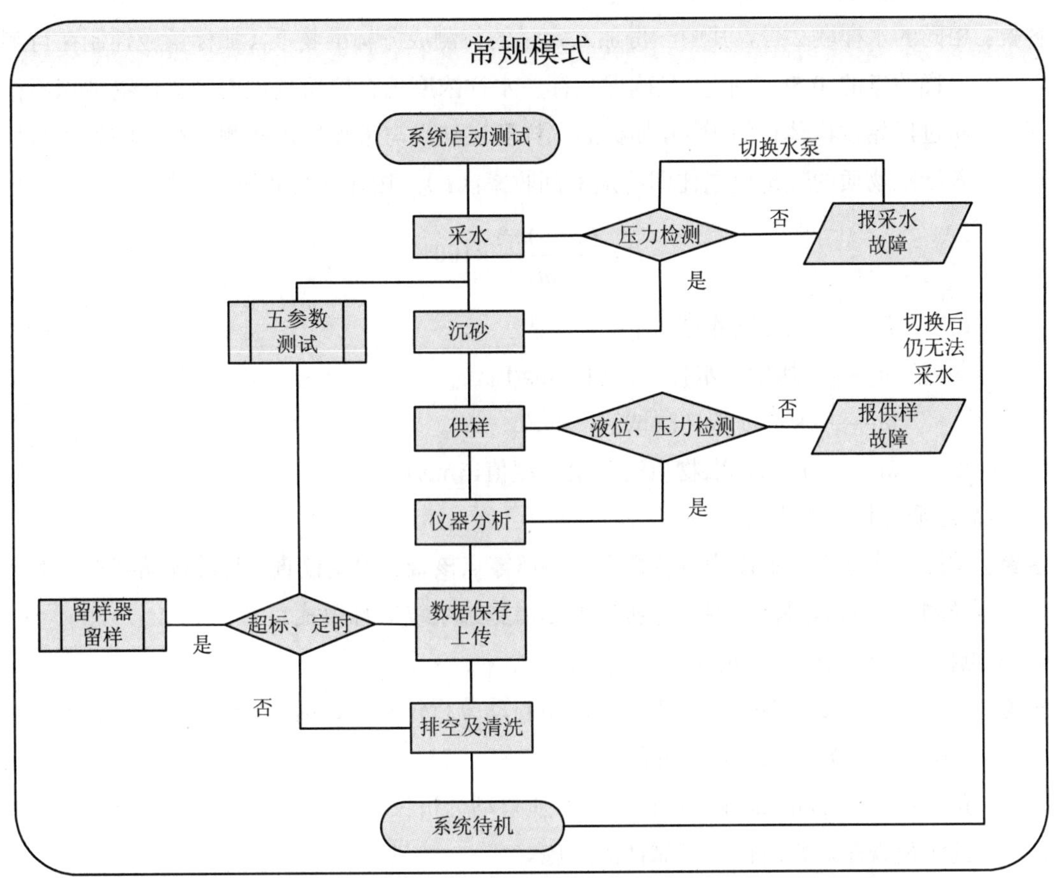

4．请描述配水单元的几个工作流程。

答案：（1）进样流程：采水泵工作，样品水将采样杯中的水进行充分置换；

（2）供样流程：仪器开始对样品水分析，采样杯为各仪器提供样品水，然后中心单元对仪器分析结果进行采集、存储；

（3）除藻流程：启动除藻设备单元，对系统管路进行除藻杀菌；

（4）内部清洗流程：启动清水泵和气泵，利用水气混合物清洗站房内部管路；

（5）外部清洗流程：启动清水泵和气泵，利用水气混合物清洗采水管路。

5．数据采集与传输单元数据采集和存储的基本要求是什么？

答案：（1）采集自动分析仪器的监测数据，并分类保存；

(2) 采集自动分析仪器和集成系统各单元的工作状态量，并以运行日志的形式记录保存；

(3) 能够实时采集视频信息并传输至中心平台；

(4) 断电后能自动保存历史数据和参数设置。

6. 请简述加标回收率的测定及计算方法。

答案：相同的水样取 2 份，其中一份加入定量的待测成分标准物质（加标量应控制在待测水样浓度的 0.5～2 倍，且确保加标后水样浓度仍在仪器量程内，加标物体积不得超过原始试样体积的 1%），加标后水样测试结果与未加标水样测试结果的差值与加入标准物质的理论值之比即为加标回收率（P），按如下公式进行计算：

$$P=\frac{(m_2-m_1)}{m}\times 100\%$$

式中：P—— 加标回收率；

m_2—— 加标后水样测试值，mg/L；

m_1——未加标水样测试值，mg/L；

m—— 加入标准物质的理论浓度值，mg/L。

7. 请简述质控模式的定义。

答案：质控模式是指在水样测试流程中，穿插零点核查、跨度核查、标准样品核查、平行样测试、加标回收率测试等质量控制措施的系统运行模式。

8. 零点核查与跨度核查的定义。

答案：零点核查（zero check）是指采用水质自动分析仪测试跨度值 0～10%的标准溶液的示值误差，判断仪器可靠性的措施。

跨度核查（span check）是指采用水质自动分析仪测试跨度值 80%左右的标准溶液的示值误差，判断仪器可靠性的措施。

9. 什么是集成干预检查？其目的是什么？

答案：集成干预检查（Integrated Interference Test）是指系统开始采水时在采水口处人工采集水样，沉淀 30 min 后取上清液摇匀待系统测试完毕后，直接经水质自动分析仪测试，与系统自动测定的结果进行比对，检查系统集成对水质的影响。意在根据现场情况，建立合理的预处理方式和流程，保证仪器正常测量的情况下，尽量减少系统误差。

10. 系统联调的具体工作内容。

答案：(1) 设置控制单元与平台通信参数，检查通信是否正常，检查仪器、控制单元采集及平台的数据及相关信息是否一致，并按照《国家地表水自动监测系统通信协议技术要求》所有指令进行调试，并做好记录。

（2）检查水站分析仪器数据是否可实时、准确上传至平台，数据时间、数据标识是否正确。

（3）检查水站运行状态及仪器关键参数信息是否实时、准确上传至平台。

（4）验证数据管理平台与水站分析仪器的各项远程控制指令，包括仪器远程参数设置、远程质控、远程启动测量、远程调阅设备运行日志等。

（5）检查水站视频是否可以远程查看，视频图像是否清晰。

11. 简述集成干预检查的操作流程。

答案：集成干预检查是指系统开始采水时在采水口处人工采集水样，沉淀 30 min 后取上清液摇匀待系统测试完毕后，直接经水质自动分析仪测试，与系统自动测定的结果进行比对，检查系统集成对水质的影响。

12. 简述水质自动监测系统中预处理单元的基本要求。

答案：（1）预处理装置针对不同分析仪器（COD_{Mn}、氨氮、总磷、总氮）要求和水样情况，进行自然沉降（30 min）预处理方式，必要时进行粗滤和精滤等方式，但均不能改变水样的代表性、不能影响测试结果可靠性。

（2）针对泥沙较大水体、暴雨期间、泄洪、丰水期等浊度影响较大的情况，系统应有针对性地设计预处理旁路系统，并具备自动切换预处理系统工作功能。

（3）除水质五参数分析仪器使用源水直接分析外，分析仪器根据不同预处理方式进行配水，保证仪器工作时互相不影响。

13. 当站点发生什么情况时，应重新进行验收申请？

答案：（1）更换或升级仪器设备；

（2）水站采水管路、配水及预处理单元等集成方案发生重大调整；

（3）站址发生变化；

（4）采水点位发生变化。

六、综合分析题

1. 根据监测点位的选择条件，请选择 A、B、C 3 个点位中的一个作为监测点位，并说明原因。A 点位：断面水深常年稳定，丰水、枯水季节河道摆幅小于 5 m，枯水季节采水点水深小于 0.4 m。自动监测站房距离取水点 20 m，枯水期时不超过 50 m；B 点位：断面水深常年稳定，丰水、枯水季节河道摆幅小于 18 m，枯水季节采水点水深大于 0.7 m。自动监测站房距离取水点 70 m，枯水期时不超过 120 m；C 点位：断面水深常年稳定，丰水、枯水季节河道摆幅小于 25 m，枯水季节采水点水深大于 0.6 m。自动监测站房距离取水点 180 m，枯水期时不超过 205 m。

答案：分析参考——自动监测站点优先选择断面常年有比较稳定的水深，保证能采集到代表性样品。丰水、枯水季节河道摆幅应小于 30 m，枯水季节采水点水深不小于 0.5 m，采水点最大流速一般应低于 3 m/s，便于采水设施的建设和运行维护，保证采水安全；自动监测站房距离取水点原则上不超过 150 m，枯水期时不得超过 200 m，具备铺设管线和管线保温设施的条件。

2. 某水质监测点位于偏远山区，交通不便，河水水量小、常年河流水深不超过 0.8 m，水平采水距离 100 m。请为该站点建设选取合适的采水方式及通信方式。

答案：采水采用“潜水泵+采水井”的方式，通信采用 4G 无线网络通信。

第三章　五参数分析仪运行维护

一、填空题

1．常规五参数是指________、________、________、________、________。

答案：pH　溶解氧　电导率　浊度　温度

2．常规五参数每周的例行工作是________。

答案：清洁

3．设定系统周期时，五参数周期为________h 一组。

答案：1

4．常规五参数溶解氧的英文简写是__________，溶解氧随着水温的升高而________。

答案：DO　降低

5．在线溶解氧具有________、________、________3 种补偿功能。

答案：温度　压力　盐度

6．常规溶解氧传感器的测量方法一般分为________、________两种，其中________电极不能在强光照射。溶解氧校正时通常在水面上方________处中进行。

答案：膜电极法　荧光法　荧光法　20 cm

7．常规溶解氧在便携仪器比对时，需要保持环境________一致性。

答案：温度

8．三类水的溶解氧限值是________。

答案：5

9．水中叶绿素过高，一般会与五参数中__________呈一定的趋势变化。

答案：溶解氧

10．溶解氧需要保留到小数点后________位。

答案：2

11．常规溶解氧传感器的测量方法一般分为______________和______________两种。

答案：电化学法/极谱法　光学法/荧光法

12．影响溶解氧测量的因素包括：____________、______________、____________。

答案：温度/水温　气压/大气压力　盐度

13．荧光法溶解氧的荧光信号的强度及持续时间和氧分子的浓度成________比。

答案：反

14．水体的温度越高，溶解氧的值越________；大气压力越低，溶解氧的值越________；盐度越高，溶解氧的值越________。

答案：低　低　低

15．无氧水标液的配制使用的试剂是________________________________。

答案：无水亚硫酸钠/亚硫酸钠/Na_2SO_3

16．针对溶解氧进行每周标液核查的要求是不超过________mg/L，每月水样比对的要求是不超过________mg/L。

答案：±0.3　±0.5

17．在线浊度仪的测试方法是__________________。

答案：90 度散射法

18．浊度的单位一般统一使用________显示。

答案：NTU

19．浊度选取的光源波长一般为________nm。

答案：860

20．针对浊度进行每周标液核查的要求是不超过________，每月水样比对的要求是不超过________。

答案：±10%　10%

21．浊度是指水中悬浮物对________透过时所发生的阻碍程度。水的浊度不仅与水中悬浮物质的含量有关，而且与它们的________、________及折射系数等有关。

答案：光线　大小　形状

22．浊度可用比浊法或______________进行测定。

答案：光散射法

23．长期不使用 pH 传感器应该把电极保存在________的环境中。

答案：KCl

24．pH 的单位是_________，每月水样比对绝对偏差是_________。

答案：无量纲　±0.5

25．pH 玻璃电极常用的清洗方法是_________，当电极脏污不易清洗，可使用_________进行清洗。

答案：清水　醋酸

26．在线式 pH 传感器主要是_________电极法。

答案：玻璃

27．每周仪表核查时，pH 要求的绝对误差是________。

答案：±0.1

28．地表水 pH 一般在________范围内。

答案：6~9

29．pH 传感器校准时常用的缓冲液的 pH 为________、________、________3 种。

答案：4.00　6.86　9.18

30．针对 pH 进行每周标液核查的要求是不超过________，每月水样比对的要求是不超过________。

答案：±0.1　±0.5

31．每周仪表核查时，电导率要求的相对误差是________。

答案：±5%

32．每月进行月比对时，电导率要求的相对误差是________。

答案：±10%

33．一般来说，控制器显示的电导率值为________℃下的电导率值。

答案：25

34．针对电导率进行每周标液核查的要求是不超过________，每月水样比对的要求是不超过________。

答案：±5%　±10%

35．电导率是表示溶液传导电导__________的能力。电导率仪表根据量程范围一般有__________和__________。

答案：电流　两极式　四极式

36．pH 是水中氢离子活度的__________，用于测定水溶液中的酸碱度。

答案：负对数

37．水温示值一般保留至小数点后________位。

答案：1

38．每月进行月比对时，温度要求的绝对误差是________。

答案：±0.5℃

39．电极法电导率传感器一般分为________极式和________极式两种。

答案：两/二　四

40．25℃下，0.01 mol/L 的标准氯化钾溶液，其电导率为________μS/cm。

答案：1 413

41．浊度在线分析仪常用量程范围为：________NTU。

答案：0～4 000

二、单选题

1. 任何厂家的 pH 在线分析仪，都必须经过 pH 标准缓冲溶液的校正后才能准确测量样品的 pH，目前最常规的校正方法为两点校正，即选择________和________的标准缓冲液进行两点校正。（　　）

   A．pH=6.00，pH=4.86　　B．pH=4.00，pH=6.86

   C．pH=6.00，pH=6.86　　D．pH=4.00，pH=4.86

答案：B

2. 在一个大气压、温度为 0℃的淡水中，溶解氧呈饱和状态时的含量高于________，当溶解氧低于________时，鱼类就难以生存。水被有机物污染后，由于好氧菌作用，使有机物被氧化，消耗水中的溶解氧。溶解氧越少，表明污染程度越严重。（　　）

   A．6 mg/L，4 mg/L　　B．4 mg/L，10 mg/L

   C．10 mg/L，2 mg/L　　D．10 mg/L，4 mg/L

答案：D

3. 五参数中 pH 分析方法是________，电导率分析方法是________。（　　）

   A．玻璃电极法、电极法　　B．玻璃电极法、45 度散射光法

   C．玻璃电极法、膜电极法　　D．玻璃电极法、90 度散射光法

答案：D

4. 五参数中，溶解氧的分析方法是________。（　　）

   A．电化学法　　B．玻璃电极法　　C．散射法　　D．四极式法

答案：A

5. Ⅲ类水溶解氧限值是________，Ⅳ类水溶解氧限值是________。（　　）

   A．5，3　　B．3，5　　C．2，5　　D．5，2

答案：A

6. Ⅰ～Ⅴ类水 pH 限值在________内。（　　）

   A．5～8　　B．6～9　　C．3～9　　D．5～9

答案：B

7. 每月进行比对时，溶解氧要求的绝对误差是________。（　　）

   A．±0.3 mg/L　　B．±0.5 mg/L　　C．±0.2 mg/L　　D．±0.1 mg/L

答案：B

8. 每周进行标准溶液核查时，溶解氧要求的绝对误差是________。（　　）

   A．±0.3 mg/L　　B．±0.5 mg/L　　C．±0.2 mg/L　　D．±0.1 mg/L

答案：A

9. 设定系统周期时，五参数周期为________h 一组。（　　）

A. 1　　B. 2　　C. 3　　D. 4

答案：A

10. 水温示值一般保留至小数点后________位。（　　）

A. 4　　B. 3　　C. 2　　D. 1

答案：D

11. pH 示值一般保留至小数点后________位。（　　）

A. 1　　B. 2　　C. 3　　D. 4

答案：B

12. 溶解氧示值一般保留至小数点后________位。（　　）

A. 1　　B. 2　　C. 3　　D. 4

答案：B

13. pH 每月水样比对绝对偏差是________。（　　）

A. ±0.3 mg/L　　B. ±0.5 mg/L　　C. ±0.2 mg/L　　D. ±0.1 mg/L

答案：B

14. 每周仪表核查时，pH 要求的绝对误差是________。（　　）

A. ±0.3 mg/L　　B. ±0.5 mg/L　　C. ±0.2 mg/L　　D. ±0.1 mg/L

答案：D

15. 在线浊度仪的测试方法一般是________散射法。（　　）

A. 0 度　　B. 45 度　　C. 90 度　　D. 180 度

答案：C

16. 电导率每月水样比对绝对偏差是________。（　　）

A. ±2%　　B. ±3%　　C. ±5%　　D. ±10%

答案：D

17. 每周仪表核查时，电导率要求的绝对误差是________。（　　）

A. ±2%　　B. ±3%　　C. ±5%　　D. ±10%

答案：C

18. 浊度每月水样比对绝对偏差是________。（　　）

A. ±2%　　B. ±3%　　C. ±5%　　D. ±10%

答案：D

19. 每周仪表核查时，浊度要求的绝对误差是________。（　　）

A. ±2%　　B. ±3%　　C. ±5%　　D. ±10%

答案：D

20．水质五参数不包含________。（　　）

A．溶解氧　　B．浊度　　C．电导率　　D．色度

答案：D

答案：D

21．五参数水箱的排水管路一般在水箱________位置。（　　）

A．顶部　　B．左上角　　C．底部　　D．右上角

答案：C

22. 在一个大气压、温度为0℃的淡水中，溶解氧呈饱和状态时的含量高于________mg/L，当溶解氧低于4 mg/L时，鱼类就难以生存。（　　）

A．8　　B．9　　C．10　　D．11

答案：C

23．自行配制pH标准溶液所用的蒸馏水应符合下列要求：煮沸并冷却、电导率小于2×10^{-6} S/cm的蒸馏水，pH在________为宜。（　　）

A．6.7～7.3　　B．6.8～7.5　　C．6～9　　D．6.5～7.5

答案：A

24．浊度电极密封圈的更换周期为________。（　　）

A．6个月　　B．1年　　C．2年　　D．3个月

答案：C

三、多选题

1．五参数中溶解氧用到的分析方法是________。（　　）

A．膜电极法　　B．90度散射光法　　C．荧光法　　D．玻璃电极法

答案：AC

2．pH仪表维护过程中需要做的工作有________。（　　）

A．冲洗传感器外部　　B．肥皂水或洗洁精的温水浸泡电极

C．使用蒸馏水漂洗干净　　D．用柔软、干净的布仔细擦拭玻璃电极

答案：ABCD

3．pH校正失败的原因有________。（　　）

A．传感器组件连接错误　　B．电极薄膜破裂

C．斜率超出范围　　D．电极电压超出量程

答案：ABCD

4．溶解氧测试值出现漂移的原因有________。（　　）

A．电极没有被完全极化或校准　　B．电极探头或测试窗口被污染

C．蓄水池水位过浅　　D．电极测试面有气泡

答案：ABCD

5．下面选项符合Ⅱ类水溶解氧的标准的是________。（　　）

A．5　　B．6　　C．6.5　　D．7

答案：BCD

6．会影响电化学法溶解氧测量的干扰气体包括________。（　　）

A．氯气　　B．二氧化硫　　C．硫化氢　　D．氨气

E．二氧化碳　　F．可挥发酸性、碱性气体

答案：ABCDEF

7．水中会影响浊度测量的物质是________。（　　）

A．泥土　　B．沙粒　　C．浮游生物　　D．胶体物质

答案：ABCD

8．一般来说，浊度传感器的校准方式包括________。（　　）

A．一点校准　　B．两点校准　　C．多点校准

答案：ABC

9．五参数中电导率用到的分析方法是________。（　　）

A．两极式　　B．90度散射法　　C．四极式　　D．膜电极法

答案：AC

10．浊度是指水中悬浮物对光线透过时所发生的阻碍程度。影响水的浊度的水中悬浮物质的因素有________。（　　）

A．含量　　B．大小　　C．形状　　D．折射系数

答案：ABCD

11．下列五参数值保留小数位数正确的有________。（　　）

A．pH 2位　　B．温度2位　　C．溶解氧2位　　D．电导2位

答案：AC

12．pH电极校准一般选择________缓冲液进行校准。（　　）

A．1.08　　B．4.00　　C．6.86　　D．9.18

答案：BCD

13．水温常用的测量仪器有________。（　　）

A．水温计　　B．颠倒温度计　　C．热敏电阻温度计　　D．湿度计

答案：ABC

14．五参数中浊度测量方法有________。（　　）

A. 比浊法　B. 90 度光散射法　C. 玻璃电极法　D. 荧光法

答案：AB

15. pH 电极测试值出现漂移的情况的原因是________。(　　)

A. 电极未校准　B. 电极探头被污染

C. 电极探头老化　D. 蓄水池水位过浅

答案：ABCD

16. 溶解氧膜电极法维护保养的内容有________。(　　)

A. 旋下电极顶端的保护罩，再旋开盖式薄膜，把薄膜中剩下的电解液倒干净，放在一旁待用

B. 用蒸馏水喷洗电极头，再用配备的黄色研磨薄片磨砂面轻轻擦拭电极最顶端的金阴极，再用蒸馏水漂洗

C. 把电极头浸泡在清洗液中，时间 10 min

D. 用蒸馏水漂洗电极，往盖式薄膜中倒入电解液至八分满的位置，用笔轻轻敲击盖式膜侧面，以赶出多余的气泡，然后再把盖式薄膜旋到电极头上

E. 放置室温环境空气站中，开机通电 45min 后，校正电极

答案：ABCDE

17. 溶解氧荧光法电极维护保养应注意________。(　　)

A. 清洗传感器外表面

B. 如果有脏污残留，用湿的软布擦拭

C. 不要将传感器放在阳光直射环境下

D. 用醋酸清洗荧光帽

答案：ABC

18. pH 是表示水中氢离子浓度的参数，下列说法正确的是________。(　　)

A. pH 是酸性时，pH 随氢离子浓度增加而增加

B. pH 是酸性时，pH 随氢离子浓度增加而减少

C. pH 是碱性时，pH 随氢氧根离子浓度增加而增加

D. pH 是酸性时，pH 随氢离子浓度增加而减少

答案：AC

四、判断题

1. 溶解氧传感器在测量时前端膜头内有少量气泡不会影响测量。(　　)

答案：×

2. 在荧光法溶解氧电极过程中，清洗传感器外表面。如果有碎屑残留，用湿的软布擦拭。

要将传感器放在阳光直射或者通过放射能够照到的地方。（　　）

答案：×

3．如果长期停机，拆下 DO 电极时，将膜帽拧下来，倒掉里面的电解液，用清水冲洗膜帽内部和电极芯，擦干电极芯，甩干膜帽内部清水，要将膜帽松松地旋在电极上，不要太紧，密封存放。（　　）

答案：√

4．荧光法溶解氧传感器基于荧光猝熄原理。光电传感器向荧光层发射绿色脉冲光，绿色脉冲光照射到荧光物质上使荧光物质激发并发出红光，由于氧分子可以带走能量（猝熄效应），所以激发红光的时间和强度与氧分子的浓度成反比。（　　）

答案：√

5．由于溶液内离子的电荷有助于导电，因此溶液的电导率和其离子浓度成反比。电导率是以数字表示溶液传导电流的能力。（　　）

答案：×

6．常规五参数仪器采配水应不经过预处理直接进行分析。（　　）

答案：√

7．Ⅴ类水溶解氧的标准限值是 2 mg/L。（　　）

答案：√

8．设定系统周期时，五参数周期为 4 h 一组。（　　）

答案：×

9．水中叶绿素过高，一般会与五参数中 pH 呈一定的趋势变化。（　　）

答案：×

10．常规溶解氧在便携仪器比对时，需要保持环境温度一致性。（　　）

答案：√

11．当 pH 电极前端有污染物附着时，应用砂纸对前端玻璃球泡进行打磨以除掉污染物。（　　）

答案：×

12．当五参数需要长时间断电停机时，直接断电就可以了，各电极不需要进行额外的处理。（　　）

答案：×

13．当更换电化学溶解氧的溶氧帽时，要先将膜帽拧下来，倒掉里面的电解液，用清水冲洗膜帽内部和电极芯，擦干电极芯，甩干膜帽内部清水，将膜帽松松地旋在电极上，不要太紧，就可以继续正常工作了。（　　）

答案：×

14．pH=4.00 的缓冲液在环境温度变化时，其 pH 变化很小。（ ）

答案：√

15．电化学法溶解氧是消耗氧气的，如果被测溶液不流动，则测试的溶解氧值会缓慢变小。（ ）

答案：√

16．浊度传感器在校准时，校准液必须用黑色器皿且器皿内壁不反光。（ ）

答案：√

17．低浊度的标准液沉淀很快，需要使用搅拌器，以保证溶液的均匀。（ ）

答案：√

18．pH 电极校正时，缓冲溶液选择的顺序一般先用 pH=6.86，再用 pH=4.00。（ ）

答案：√

19．pH 电极可以长时间暴露在空气中，而不影响 pH 电极的使用寿命。（ ）

答案：×

20．水被有机物污染后，由于好氧菌作用，使有机物被氧化，消耗水中的溶解氧。溶解氧越多，表明污染程度越严重。（ ）

答案：×

21．溶解氧测量的重要影响因素有水温，水温越高，饱和溶解氧浓度越低。（ ）

答案：√

22．浊度可用比浊法或光散射法进行测定。（ ）

答案：√

23．溶解氧电极校正一般是放在饱和湿空气中进行。（ ）

答案：√

24．溶解氧荧光法电极探头脏污，如用清水清洗不干净，可以用醋酸进行清洗。（ ）

答案：×

25．电导率是表示溶液传导电流的能力，溶液的电导率与离子浓度成正比例关系。（ ）

答案：√

26．水样 pH 的大小是不受温度影响的。（ ）

答案：×

27．称取在 110～130℃干燥 2～3 h 的邻苯二甲酸氢钾 10.12 g，溶于水并稀释于 1 000 ml 容量瓶中，定容。该试剂温度为 25℃时，pH 为 6.865。（ ）

答案：×

28．水质分析中规定：1 L 水中含有 1 g SiO_2 所构成的浊度为一个标准浊度单位，简称 1 度。（ ）

答案：×

五、简答题

1．请简述如何对 pH 电极进行保养。

答案：（1）先用 1 mol/L 稀盐酸溶液浸泡电极，时间 5 min。

（2）再用温热的加有洗洁精的温水浸泡电极，时间 5 min。

（3）再用蒸馏水彻底漂洗干净。

2．分别描述短期关机、长期关机五参数需要做哪些操作。

答案：短期关机：一般关机即可，并确保五参数电极浸泡在清水或原水中。

长期关机：按以下步骤进行：

（1）关掉仪器电源；

（2）用纯净水清洗流通池、电极，保持流通池存有清洁水浸泡电极；

（3）拆下 pH 传感器，清洗并沥干后将 pH 电极头重新放入饱和氯化钾（KCl）溶液中（3 mol/L）；溶解氧传感器清洗并沥干，最好放置到存在饱和湿空气的环境中；其他传感器清洗并沥干，盖上保护帽即可；

（4）拆下 DO 电极，请将膜帽拧下来，倒掉里面的电解液，用清水冲洗膜帽内部和电极芯，擦干电极芯，甩干膜帽内部清水，将膜帽松松地旋在电极上，不要太紧，密封存放。

停机恢复运行：正常启动仪器，并按仪器流程分步检查。需要根据规范要求，进行标定、核查。

3．简述 pH 校正步骤。

答案：（1）进入校正菜单，将校正模式选择为 2 点校正。

（2）清洗电极，把用清水洗完后的 pH 电极泡在 pH 6.86 标准液中，启动校正程序，等待直到屏幕显示稳定电位值（或 pH），手动输入当前温度下的 pH（或直接确认），按键确认。

（3）然后用蒸馏水漂洗电极后，再把电极泡在 pH 4.00 标准液中，启动校正程序，等待直到屏幕显示稳定电位值（或 pH），手动输入当前温度下的 pH（或直接确认），按键确认，完成校正。

（4）校正完成后，检查仪器斜率是否在规定范围内；如斜率在范围内或前后两次校准偏差相对平稳，则校准成功，否则排查故障后重新校正。

4．五参数在每周运营维护过程中需要做哪些工作？

答案：将仪器切换至维护保养状态，将仪器从五参数测试池中取出，用软湿布轻轻擦拭相关电极探头表面，并用纯水冲洗，同时清洗五参数沉砂池。

5．简述在运营维护中清洗 pH 电极的步骤。

答案：（1）先用清水冲洗传感器外部，除去松散的污垢。

（2）再使用温热的加有肥皂水或洗洁精的温水浸泡电极，时间 5 min。

（3）用柔软、干净的布仔细擦拭玻璃电极测试头（彻底清洗电极和盐桥表面），如果表面污渍不能被清除，可使用 0.1 mol/L 稀盐酸溶液浸泡电极，时间不超过 5 min。

（4）将电极放入温和的肥皂水中 2～3 min 来中和残留的酸。

（5）最后将电极取出，使用蒸馏水彻底漂洗干净。

6．简述溶解氧的常规校准方法。

答案：（1）膜法：

打开仪器维护保养界面，用清水清洗电极后，用滤纸吸干电极薄膜上的水珠。电极放在饱和湿润空气中（测试面离液面上方约 2 cm 处），启动校准程序。等待直到屏幕显示出电极斜率值，校准完成后，检查仪器斜率是否在规定范围内；如斜率在范围内或前后两次校准偏差相对平稳，则校准成功，否则排查故障后重新校准。

（2）荧光法：

①打开仪器的维护保养界面，从水中取出探头，用湿布擦拭以去除碎屑及滋生的生物。

②清洁传感器帽，将探头放在提供的校准包中，加入少量水（25～50 ml），使用校准包将探头体保护起来（探头远离阳关或其他热源，不要将探头接触任何硬的表面）。

③从主菜单中输入气压值或海拔值，选择相应操作步骤，按键确认。当读数稳定下来后，校准将自动完成（此过程的最长时间为 45 min）。

④完成后按确认键返回主菜单，并将探头重新放入需要测试的水中。

7．写出常规五参数的名称与英文缩写。

答案：pH、溶解氧（DO）、水温（T）、电导率（EC）、浊度（TB）。

8．写出常规五参数的主要参照方法。

答案：pH：玻璃电极法；水温：热电阻电极法；溶解氧：膜电极法；电导率：电极法；浊度：90 度散射光法。

9．溶解氧测量的重要影响因素有哪些？

答案：水温、大气压力、盐度。

10．简述浊度的测量原理。

答案：浊度可用比浊法或光散射法进行测定。采用波长为 860 nm 红外光，使之穿过一段水样，并从与入射光呈 90 度的方向上检测散射的光量，从而测试水样的浊度。

11．简述浊度传感器的维护。

答案： 浊度电极具备传感器自清洗（刮刷或超声波）功能的传感器，能较为有效地防止脏污物附着或者气泡的影响。若测试面受污染、测试值与实际水样值差距过大时，建议手动清洗电极测试窗。

12．溶解氧电极膜电极法传感器的维护工作内容有哪些？

答案：（1）关机或将电极从连接电缆线上卸下。

（2）把电极从水中提起，旋下电极顶端的保护罩，再旋开盖式薄膜，把薄膜中剩下的电解液倒干净，放在一旁待用。

（3）用蒸馏水喷洗电极头，再用配备的黄色研磨薄片磨砂面轻轻擦拭电极最顶端的金阴极，再用蒸馏水漂洗。

（4）把电极头浸泡在清洗液中，时间 10 min。

（5）用蒸馏水漂洗电极，往盖式薄膜中倒入电解液至八分满的位置，用笔轻轻敲击盖式膜侧面，以赶出多余的气泡，然后再把盖式薄膜旋到电极头上。

（6）放在室温环境空气中，开机通电 45 min 后，校正电极。

13．简述荧光法溶解氧传感器工作原理。

答案： 荧光法溶解氧传感器基于荧光猝熄原理。光电传感器向荧光层发射绿色脉冲光，绿色脉冲光照射到荧光物质上使荧光物质激发并发出红光，由于氧分子可以带走能量，所以激发红光的时间和强度与氧分子的浓度成反比。

14．简述电导率传感器测试原理。

答案： 电导率的测量原理是将两块平行的极板，放到被测溶液中，在极板的两端加上一定的电势（通常为正弦波电压），然后测量极板间流过的电流。根据欧姆定律计算电导率。

15．简述 pH 分析仪两点校正的步骤。

答案：（1）进入校正菜单，将校正模式选择为 2 点校正。

（2）清洗电极，把用清水洗完后的 pH 电极泡在 pH 6.86 标准液中，启动校正程序，等待直到屏幕显示稳定电位值（或 pH），手动输入当前温度下的 pH（或直接确认），按键确认。

（3）然后用蒸馏水漂洗电极后，再把电极泡在 pH 4.00 标准液中，启动校正程序，等待直到屏幕显示稳定电位值（或 pH），手动输入当前温度下的 pH（或直接确认），按键确认，完成校正。

（4）校正完成后，检查仪器斜率是否在规定范围内；如斜率在范围内或前后两次校准偏差相对平稳，则校准成功，否则排查故障后重新校正。

16. 当站点需长期停运时，五参数的维护内容包括哪些？

答案：（1）关掉仪器电源；

（2）用纯净水清洗流通池、电极，保持流通池存有清洁水浸泡电极；

（3）拆下 pH 传感器，清洗并沥干后将 pH 电极头重新放入饱和氯化钾（KCl）溶液中（3 mol/L）；溶解氧传感器清洗并沥干，最好放置到存在饱和湿空气的环境中；其他传感器清洗并沥干，盖上保护帽即可；

（4）拆下 DO 电极，请将膜帽拧下来，倒掉里面的电解液，用清水冲洗膜帽内部和电极芯，擦干电极芯，甩干膜帽内部清水，将膜帽松松地旋在电极上，不要太紧，密封存放。

17. 电极法氨氮测量值偏高的原因及处理方法。

答案：

可能的原因	排除方法
配制的校准液不准确或时间太长	重新配制校准液
电极气透膜有气泡	用手轻轻向下按电极，排除气泡
电极气透膜玷污	清洗气透膜
电极电极故障	维护或更换电极
电极气透膜老化或损坏	更换气透膜

六、计算题

1. 常用 pH 缓冲液与温度对照表如下：

25℃	0℃	5℃	10℃	20℃	30℃	40℃	50℃
1.68	1.67	1.67	1.67	1.67	1.68	1.69	1.71
4.01	4.00	4.00	4.00	4.00	4.02	4.03	4.06
6.86	6.98	6.95	6.92	6.87	6.85	6.84	6.83
7.00	7.11	7.08	7.06	7.01	6.98	6.97	6.97
9.18	9.46	9.40	9.33	9.23	9.14	9.07	9.01
10.01	10.32	10.25	10.18	10.06	9.97	9.89	9.83

某站点水质 pH 在 6.2 左右，运营人员在校正 pH 电极时，测得缓冲液温度为 20℃，请根据以上表格选择两点校正时应选择哪两种缓冲液？

答案：水质值在酸性区域，所以校准电极时选择中性和酸性缓冲液校准。

温度 20℃时，查表可选择 4.00 和 6.86 这两种缓冲液进行校准，校准时先校正 6.87，再校正 4.00。

2．常用 pH=4 缓冲液的氢离子浓度是多少？

答案：$4=-\log[C^{H^+}]$，$C^{H^+}=10^{-4}$ mol/L。

3．如何配制无氧水？

答案：配制 5%亚硫酸钠（Na_2SO_3）溶液，可加入适量的氯化钴（$CoCl_2$）作催化剂。配制步骤如下：取 5 g 亚硫酸钠药剂，加水定容至 100 ml，静置 10 min 后，即为无氧水。

4．25℃时 0.01 mol/L 氯化钾溶液电导率是多少μS/cm？换算成 mS/m 单位后是多少？

答案：25℃时 0.01 mol/L 氯化钾溶液电导率是 1 413 μS/cm，141.3 mS/m。

第四章　氨氮分析仪运行维护

一、填空题

1. 水中存在的铵离子或游离氨两者的组成比取决于水的 pH。当 pH 偏高时，__________的比例较高。反之，则__________的比例为高。

答案：游离氨　铵离子

2. 氨氮的测定一般在溶液的 pH 为_________的环境中。

答案：碱性

3.《地表水环境质量标准》(GB 3838—2002) 中，氨氮在水中含量限值，Ⅰ类水为______，Ⅱ类水为_________，Ⅲ类水为________，Ⅳ类水为________，Ⅴ类水为________。

答案：0.15 mg/L　0.5 mg/L　1.0 mg/L　1.5 mg/L　2.0 mg/L

4.《水质　氨氮的测定　纳氏试剂分光光度法》(HJ 535—2009) 中，氨氮的检出限为________。

答案：0.025 mg/L

5. 市场常见的氨氮分析仪的方法有三类，分别是________________、_________________、__________________。

答案：水杨酸分光光度法　纳氏试剂分光光度法　电极法

6. 水杨酸光度法测量氨氮自动监测仪反应后生成__________液体，在__________波长处测量吸光度，进而得出样品中氨氮含量。

答案：蓝绿色　约 697 nm

7. 碘化汞（或氯化汞）和碘化钾的碱性溶液（纳氏试剂）与氨反应生成____________胶态化合物，其色度与氨氮含量成正比，通常可在波长__________处测其吸光度，计算其含量。

答案：淡红棕色　约 420 nm

8. 氨气敏电极为复合电极，以_____________为指示剂，________________为参比电极。

答案：pH 玻璃电极　银-氯化银电极

9. 氨氮分析仪的计量装置主要有两种，分别为_______________、_______________。

答案：蠕动泵　注射泵/柱塞泵

10．停机后，当仪器再次开机，重新测量样品时，必须＿＿＿＿＿＿＿，确保新鲜的试剂溶液充满管路，并用大量的蒸馏水清洗测量室。

答案：引动计量泵

11．氨氮是指水溶液中以＿＿＿＿＿＿和＿＿＿＿＿＿形态存在的氮的总和。

答案：游离氨　离子铵

12．采样电极法的氨氮自动分析仪由＿＿＿＿＿＿＿、＿＿＿＿＿＿＿、＿＿＿＿＿＿＿、＿＿＿＿＿＿＿、＿＿＿＿＿＿＿等构成。

答案：测量单元　信号转换器　显示记录　数据处理　信号传输单元

13．氨氮中的＿＿＿＿是引起水生物毒害的主要因子，对水生生物有较大的毒性，其毒性是铵盐的几十倍。

答案：游离氨

14．氨氮分析仪一般都有＿＿＿＿＿校准和＿＿＿＿＿校准两种模式。

答案：自动　手动

15．测量室是否保持干净。如果测量室有污渍，可加入少量的＿＿＿＿＿＿进行清除，然后用蒸馏水彻底清洗。

答案：稀盐酸

16．水杨酸法测试水中氨氮，最终生成的化合物的吸光度与氨氮含量成正比，在＿＿＿＿波长处测量吸光度，进而得出样品中氨氮含量。

答案：697 nm

17．氨氮的测试都要在＿＿＿＿＿环境中进行。

答案：碱性

18．氨氮是指水中以＿＿＿＿＿＿和＿＿＿＿＿＿形式存在的氮。

答案：游离氨（NH_3）　铵离子（NH_4^+）

二、单选题

1．氨氮的测试都要在＿＿＿＿环境中。（　　）

A．酸性　　B．中性　　C．碱性　　D．纯水

答案：C

2.《地表水环境质量标准》（GB 3838—2002）中，氨氮在水中含量限值，Ⅲ类水为＿＿＿＿。（　　）

A．0.5 mg/L　　B．1.0 mg/L　　C．1.5 mg/L　　D．2.0 mg/L

答案：B

3. 碘化汞（或氯化汞）和碘化钾的碱性溶液（纳氏试剂）与氨反应生成________胶态化合物。（　　）

A．蓝绿色　　B．淡蓝色　　C．无色　　D．淡红棕色

答案：D

4. 纳氏试剂法测水中氨氮，最终生成的化合物的吸光度与氨氮含量成正比，通常可在波长________处测其吸光度，计算其含量。（　　）

A．420 nm　　B．750 nm　　C．697 nm　　D．880 nm

答案：A

5. 氨气敏电极装有________半渗透膜，使内电解液与外部试液隔开。（　　）

A．亲水　　B．亲油　　C．疏油　　D．疏水

答案：D

6. 水杨酸光度法测量氨氮自动监测仪反应后生成________液体。（　　）

A．蓝绿色　　B．淡蓝色　　C．无色　　D．淡红棕色

答案：A

7. 水杨酸法测试水中氨氮，最终生成的化合物的吸光度与氨氮含量成正比，在________波长处测量吸光度，进而得出样品中氨氮含量。（　　）

A．420 nm　　B．750 nm　　C．697 nm　　D．880 nm

答案：C

8. 实验室测定水中氨氮时，如果干扰因素过多，可采用________方法对水样进行预处理消除干扰。（　　）

A．超声波　　B．漂白　　C．蒸馏　　D．离心

答案：C

9.《水质　氨氮的测定　纳氏试剂分光光度法》（HJ 535—2009）中，氨氮的检出限为________。（　　）

A．0.01 mg/L　　B．0.015 mg/L　　C．0.02 mg/L　　D．0.025 mg/L

答案：D

10. 氨气敏电极为复合电极，以________为指示电极，银-氯化银为参比电极。（　　）

A．pH 电极　　B．电导率电极　　C．银电极　　D．氯化银电极

答案：A

11.《地表水环境质量标准》(GB 3838—2002)中，氨氮在水中含量限值，I 类水为________。（　　）

A．0.5 mg/L　　B．1.0 mg/L　　C．1.5 mg/L　　D．0.15 mg/L

答案：D

12.《地表水环境质量标准》（GB 3838—2002）中，氨氮在水中含量限值，Ⅱ类水为________。（　　）

A．0.5 mg/L　　B．1.0 mg/L　　C．1.5 mg/L　　D．0.15 mg/L

答案：A

13.《地表水环境质量标准》（GB 3838—2002）中，氨氮在水中含量限值，Ⅳ类水为________。（　　）

A．0.5 mg/L　　B．1.0 mg/L　　C．1.5 mg/L　　D．0.15 mg/L

答案：C

14.《水质　氨氮的测定　水杨酸分光光度法》（HJ 536—2009）中，氨氮的检出限为________。（　　）

A．0.01 mg/L　　B．0.015 mg/L　　C．0.02 mg/L　　D．0.025 mg/L

答案：A

15．氨氮 24 h 零点标液核查的准确度要求是________。（　　）

A．±0.1 mg/L　　B．±0.2 mg/L　　C．±0.5 mg/L　　D．±1.0 mg/L

答案：B

16．氨氮标液核查的相对误差是________。（　　）

A．±2%　　B．±5%　　C．±10%　　D．±15%

答案：C

17．氨氮水质分析仪电极法允许的重复性误差是________。（　　）

A．±2%　　B．±5%　　C．±10%　　D．±15%

答案：B

18．氨氮水质分析仪光度法允许的重复性误差为________。（　　）

A．±2%　　B．±5%　　C．±10%　　D．±15%

答案：C

19．氨氮水质分析仪电极法量程漂移是________。（　　）

A．±2%　　B．±5%　　C．±10%　　D．±15%

答案：B

20．氨氮水质分析仪光度法量程漂移是________。（　　）

A．±2%　　B．±5%　　C．±10%　　D．±15%

答案：C

21．适用于地表水、地下水、海水、饮用水、生活污水及工业污水中氨氮的测定方法是_____。（　　）

A．《水质　氨氮的测定　气相分子吸收光谱法》（HJ/T 195—2005）

B.《水质　氨氮的测定　蒸馏-中和滴定法》(HJ 537—2009 代替 GB 7481—87)

C.《水质　氨氮的测定　水杨酸分光光度法》(HJ 536—2009 代替 GB 7481—87)

D.《水质　氨氮的测定　纳氏试剂分光光度法》(HJ 535—2009 代替 GB 7479—87)

答案：A

22．不是常规的氨氮分析仪所用的分析方法的是________。(　　)

A．水杨酸分光光度法　　B．纳氏试剂分光光度法

C．氨气敏电极法　　D．气相色谱法

答案：D

三、多选题

1．地表水中所测的氨氮是指以________形式存在于水中的。(　　)

A．游离氨　　B．铵离子　　C．有机氮　　D．无机氮

答案：AB

2．会造成氨气敏电极法氨氮仪器数据异常的情况是________。(　　)

A．电极故障　　B．电极半透膜脏污

C．电极膜头上有气泡　　D．电极斜率超范围

答案：ABCD

3．可能会影响光度法氨氮仪器的正常测量的因素是________。(　　)

A．金属离子　　B．pH　　C．浊度　　D．色度

答案：ABCD

4．氨氮分析仪的计量装置主要有两种，分别为________。(　　)

A．蠕动泵　　B．注射泵　　C．自吸泵　　D．空气泵

答案：AB

5．氨氮分析仪的主要分析仪方法有________。(　　)

A．电极法　　B．水杨酸分光光度法

C．纳氏试剂分光光度法　　D．荧光法

答案：ABC

6．水中可能会影响水杨酸光度法氨氮仪器的正常测量的因素是________。(　　)

A．高盐度　　B．pH　　C．浊度　　D．色度

答案：ABCD

7．我们最关注的几种形态的氮有________，通过生物化学作用，它们是可以相互转化的。(　　)

A．硝酸盐氮　　B．亚硝酸盐氮　　C．氨氮　　D．有机氮

答案：ABCD

8．固定电极的电极套管，可以用的材质有________。（　　）

A．不锈钢　　B．硬质聚氯乙烯　　C．聚丙烯　　D．玻璃

答案：ABC

9．试样导入管，可以用的材质有________。（　　）

A．不锈钢　　B．塑料　　C．玻璃　　D．橡胶

答案：BCD

10．仪器上必须在醒目处端正地表示________，并符合国家有关规定。（　　）

A．名称及型号　　B．制造商名称

C．生产日期和批号　　D．测定对象和范围

答案：ABCD

11．电极法测试氨氮的主要影响因素有________。（　　）

A．碱性气体　　B．浊度　　C．温度　　D．表面活性剂

答案：ACD

12．实验室测试氨氮通过________去除影响测试的因素。（　　）

A．蒸馏法　　B．絮凝　　C．加入掩蔽剂　　D．稀释

答案：AB

13．在线分析仪测试氨氮通过________去除影响测试的因素。（　　）

A．蒸馏法　　B．絮凝　　C．加入掩蔽剂　　D．稀释

答案：CD

14．氨气敏电极包括________。（　　）

A．平头的 pH 玻璃电极　　B．银/氯化银电极

C．铂银电极　　D．氯离子电极

答案：AB

15．在线氨氮分析仪更换试剂后应________等维护工作。（　　）

A．用新更换的试剂填充管道　　B．检查是否漏液

C．重新校准仪器　　D．做零点漂移

答案：ABC

16．在线氨氮分析仪的测定值偏高，可能的原因有________。（　　）

A．配制的校准液不准确或时间太长　　B．电极气透膜有气泡

C．电极气透膜玷污　　D．电极气透膜老化或损坏

答案：ABCD

17．在线氨氮分析仪电极法的测定值偏高，排除的方法有________。（　　）

A．配制新的校准液　　B．清洗气透膜
C．更换气透膜　　D．维护或更换电极

答案：ABCD

18．在线氨氮分析仪电极法校正失败，排除的方法有________。（　　）

A．配制的校准液不准确　　B．电极老化
C．电极气透膜玷污　　D．标准液用光

答案：ABCD

19．在线氨氮分析仪光度法测量值不稳定，排除的方法有________。（　　）

A．检查试剂及去离子水是否充足或过期　　B．检查测量室是否干净
C．检查排液是否通畅，必要时更换泵管　　D．检查空白数据设置是否正确

答案：ABC

20．纳氏试剂分光光度法测试氨氮需要的主要试剂有________。（　　）

A．碘化汞　　B．碘化钾　　C．氢氧化钠　　D．高锰酸钾

答案：ABC

21．影响氨氮在线分析仪显色反应的主要因素有________。（　　）

A．反应时间　　B．反应温度
C．溶液 pH　　D．清洗液浓度

答案：ABC

22．氨氮在线分析仪主要分析方法有________。（　　）

A．水杨酸分光光度法　　B．纳氏试剂比色法
C．膜电极法　　D．纳氏滴定法

答案：ABC

23．根据现行技术规范，氨氮在线分析仪质控措施正确的是________。（　　）

A．零点核查允许误差±0.2 mg/L　B．跨度核查允许误差±10.0%
C．零点漂移允许误差±5.0%　　D．跨度漂移允许误差±10.0%

答案：ABCD

四、判断题

1．电极法氨氮分析仪更换新电极后，需对电极进行活化。（　　）

答案：√

2．水中氨氮含量较高时，对鱼类则可呈现毒害作用。（　　）

答案：√

3．更换试剂后，无须对仪器进行校准。（　　）

答案：×

4. 不同厂家之间的备件可以互相更换使用。（　　）

答案：×

5. 氨气敏电极装有疏水半渗透膜，使内电解液与外部试液隔开。（　　）

答案：√

6. 实验室测定水中氨氮时，如果干扰因素过多，可采用超声波的方法对水样进行预处理消除干扰。（　　）

答案：×

7. 实验室测定水中氨氮时，进行絮凝预处理所用的滤纸带来的微小误差可忽略不计。（　　）

答案：×

8. 氨氮是水体中的营养素，可为藻类生长提供营养源，增加水体富营养化发生的概率。（　　）

答案：√

9. 氨氮是指水溶液中的以游离氨和离子铵形态存在的氮的总和。（　　）

答案：√

10.《水质　氨氮的测定　纳氏试剂分光光度法》（HJ 535—2009）中氨氮的检出限为 0.01 mg/L。（　　）

答案：×

11. 在《地表水环境质量标准》(GB 3838—2002)中，氨氮 II 类水质限值是 0.5 mg/L。(　　)

答案：√

12. 水杨酸分光光度法水中的氨、铵离子与水杨酸盐和次氯酸离子反应生成黄棕色化合物。（　　）

答案：×

13. 纳氏试剂与氨反应生成棕黄色胶态化合物，其色度与氨氮含量成正比。（　　）

答案：√

14. 氨氮电极法加入络合剂（如 EDTA）调节样品，是为了防止生成钙镁盐沉淀。（　　）

答案：√

15. 氨氮自动分析仪多采取的是加入掩蔽剂或稀释试样的方法消除影响。（　　）

答案：√

16. 氨氮气敏电极法的半透膜有气泡不会影响测量结果。（　　）

答案：×

17. 氨氮分析仪的计量装置主要有两种蠕动泵和空气泵两种。（　　）

答案：×

18．氨氮分析仪测试都要在酸性环境中进行。（　　）

答案：×

19．氨氮电极法分析仪测量值偏高，可能的原因是电极老化。（　　）

答案：√

20．实验室测定水中氨氮时，如果干扰因素过多，可采用蒸馏方法对水样进行预处理以消除干扰。（　　）

答案：√

21．氨氮在线自动监测仪的零点校正液为蒸馏水。（　　）

答案：√

22．标液核查氨氮的允许误差为±10%。（　　）

答案：√

23．氨氮是水体中各种形态的有机氮和无机氮的总称。（　　）

答案：×

24．氨氮主要来源于人和动物的排泄物，生活污水中平均含氮量每人每年可达 2.5～4.5 kg。（　　）

答案：√

五、简答题

1．简述水杨酸分光光度法测试氨氮的原理。

答案：在清洗测量室后，待分析样品被加入测量室，然后将一定量的缓冲溶液（调节试样 pH 为碱性）和水杨酸盐［水杨酸溶液-硝普钠（亚硝基铁氰化钠）］注入测量室中，并进行基线校正。而后加入次氯酸钠溶液到测量室，生成蓝绿色化合物，在一定波长（约 697 nm）下进行比色测量，生成颜色的深浅程度正比于样品中氨氮的浓度。

2．简述纳氏试剂分光光度法测试氨氮的原理。

答案：碘化汞（或氯化汞）和碘化钾的碱性溶液（纳氏试剂）与氨反应生成淡红棕色胶态化合物，其色度与氨氮含量成正比，通常可在波长 420 nm 处测其吸光度，计算其含量。

3．简述氨氮的定义。

答案：氨氮是指水溶液中的以游离氨和离子铵形态存在的氮的总和。

4．简述水杨酸法分析仪测试氨氮的检测流程。

答案：分析样品被加入测量室，并加热一定温度。然后将一定量的缓冲溶液（调节试样 pH 为碱性）和水杨酸盐［水杨酸溶液-硝普钠（亚硝基铁氰化钠）］注入测量室中，并进行基线校正。而后加入次氯酸钠溶液到测量室，生成蓝绿色化合物，在一定波长下进行比色测量，生成颜色的深浅正比于样品中氨氮的浓度。

5．纳氏试剂分光光度法测试氨氮的重要影响因素有哪些？

答案：pH、色度、浊度、脂肪胺、芳香胺、丙酮、醛类、酚类等有机化合物；铁、铜、钙、镁等无机离子。

6．水杨酸分光光度法测试氨氮的重要影响因素有哪些？

答案：pH、色度、浊度、高盐度。

7．简述氨氮电极法的测量原理。

答案：往样品中加入 NaOH 溶液，充分混和均匀，调节样品的 pH＞11，这时所有的铵离子几乎都转换成游离态的 NH_3，此外，加入络合剂（如 EDTA）调节样品，防止生成钙镁盐沉淀。游离态的氨气透过一层半透膜，进入 pH 电极的电解液内，参与化学反应，改变了电极内部电解液的 pH，pH 的变化量与 NH_3 的浓度呈线性相关，由电极感测出来，再由仪器换算成氨氮的浓度。

8．简述氨氮电极法的分析仪检测流程。

答案：同时抽取样品和反应试剂，在管道中使之充分混合，并将样品预处理至 40℃左右，以增加游离态氨的活性，混合样品送至气敏电极前检测，膜内外氨气渗透平衡后取终点电位。

9．简述氨氮电极法分析仪维护工作应注意哪些方面。

答案：（1）必须每天进行校准，以修正氨氮电极电位的漂液，防止漂移过大。

（2）反应试剂中的 $EDTANa_2$ 根据水质硬度状况进行添加，防止膜过早损坏。

（3）清洗液必须为非挥发性酸。建议使用 1 mol/L 柠檬酸，柠檬酸具有收缩电极膜微孔的作用，可以延缓膜老化。但是柠檬酸易变质，可加入适量硫酸调节 pH 至 2 以下，延缓溶液变质。

10．简述电极法测试氨氮的主要影响因素。

答案：（1）碱性气体：磷化氢、甲胺、二甲胺、三甲胺、乙胺、肼。

（2）表面活性剂类，破坏界面张力。

六、计算题

1．某站点对氨氮分析仪进行加标回收测试，测得水样值为 2.7 mg/L， 测得加标后混标值为 5 mg/L，已知母液浓度为 500 mg/L，定容体积为 200 ml，加标体积为 1 ml，请计算氨氮此次的加标回收率，并判断其是否合格。

答案：加标量=加标体积×母液浓度/定容体积

$$= 1\times 500 / 200 = 2.5\ (\text{mg/L})$$

加标回收率=（混标值-水样值）/加标量×100%

=（5−2.7）/ 2.5×100% = 92%

加标回收率合格范围：80%～120%。

合格。

2．在《地表水环境质量标准》（GB 3838—2002）中，氨氮水质类别限值填写见下表：

	Ⅰ类	Ⅱ类	Ⅲ类	Ⅳ类	Ⅴ类
氨氮/（mg/L）	≤0.15	≤0.5	≤1.0	≤1.5	≤2.0

3．已知氨氮母液浓度为 1 000 mg/L，为得到 10 mg/L 和 1 mg/L 的氨氮标样，请计算两个标样稀释需要的倍数。

答案：（1）氨氮母液浓度为 1 000 mg/L；

（2）标样为 10 mg/L 的时候，稀释倍数为：1 000 mg/L/10 mg/L=100（倍）；

（3）标样为 10 mg/L 的时候，稀释倍数为：1 000 mg/L/1 mg/L=1 000（倍）。

4．已知某品牌水杨酸分光光度法氨氮分析仪，测试 0.5 mg/L 样品时吸光度为 0.1 A，测试 1 mg/L 样品时吸光度为 0.15 A，请预估测试 2 mg/L 样品时的吸光度？

答案：（1−0.5）/（0.15−0.1）=10 mg/A；

则：2 mg/L 样品吸光度为：2/10+0.05=0.25 A。

5．已知某品牌纳氏试剂比色法氨氮分析仪，测试 0.5 mg/L 样品时吸光度为 0.1 A，测试 1 mg/L 样品时吸光度为 0.15 A，请算出仪器工作曲线。

答案：Y=10X+0.05，其中 Y 为测试浓度，X 为测试吸光度。

七、综合分析题

1．简述氨氮电极法氨氮电极的维护步骤。

答案：氨氮电极是电极法氨氮分析仪比较重要的一个部件，维护电极步骤如下：

（1）将电极轻轻从仪器内取出。

（2）旋开电极膜，取出玻璃电极，轻轻放置在干净的滤纸上，排空电极内充液，不要用手触碰玻璃电极。

（3）旋开电极杆下端上的黑色帽，取出一片平整洁净的电极膜，将电极膜的中心与下端杆的中心重合，轻轻旋紧黑色帽，保证电极膜平整。

（4）沿电极杆内壁滴入 3～5 ml 内充液，轻轻手弹振动电极测量杆，确保杆内气泡逸出。不可用手或其他物体触碰电极膜。

（5）将玻璃电极倾斜轻放入电极测量杆内，缓慢上下移动玻璃电极数次，排除两者间的气泡。检查玻璃电极是否完全浸没在内充液中，否则请添加内充液。然后旋紧电极测量杆。

（6）由于电极长期存放或运输过程中处于干放状态，因此使用前必须进行浸泡活化。电极添加内充液后，旋松电极测量杆至螺纹一半处，然后将电极插入 0.1 mol/L 氢氧化钠溶液中（电极膜能完全浸没即可），浸泡 4～20 h，方可正常使用。

2．简述氨氮分析仪试剂更换步骤。

答案：（1）进入用户菜单，控制各试剂的计量泵吸取试剂，确保新鲜的试剂溶液充满管路。

（2）用蒸馏水清洗测量室。

（3）排空测量室。

（4）在进行一两次循环后，执行校准循环，确保仪器测量的准确性。

第五章 高锰酸盐指数分析仪运行维护

一、填空题

1. 国家颁布的水质中高锰酸盐指数测定方法名称为__________；国标号码为__________。

答案：高锰酸钾法　GB 11892—89

2. 高锰酸盐指数是一个相对的条件性指标，其测定结果与溶液的__________、高锰酸盐的__________、加热__________和__________有关。

答案：酸度　浓度　温度　时间

3. 《地表水环境质量标准》《GB 3838—2002》中，Ⅰ～Ⅴ类水域，高锰酸盐指数水质标准为________、________、________、________、________。

答案：2　4　6　10　15

4. 化学需氧量（以下简称COD）是指在一定条件下，用____________消解水样时，所消耗的____________的量，以____________表示。

答案：强氧化剂　氧化剂的量　氧的mg/L

5. COD反映了水体中______________的污染程度，水中还原性物质包括__________、__________、__________、__________等。水被__________污染是很普遍的，因此也作为__________相对含量的指标之一。

答案：受还原性物质　有机物　亚硝酸盐　亚铁盐　硫化物　有机物　有机物

6. 高锰酸盐指数测定方法中，氧化剂是______________，一般应用于______________、______________和______________，不可用于工业废水。

答案：高锰酸钾　地表水　饮用水　生活污水

7. 测定高锰酸盐指数的水样采集后，应加入__________，使pH<2以抑制微生物的活动，样品应尽快分析，必要时应在__________冷藏，并在__________h内测定。

答案：硫酸　0～5℃　48

8. 在酸性条件下，$KMnO_4$滴定NaC_2O_4的反应温度应保持在__________，所以滴定操作要________进行。

答案：60～80℃　趁热

9. 高锰酸盐指数（COD_{Mn}）是指在一定条件下，以＿＿＿＿＿＿为氧化剂，处理水样时所消耗的＿＿＿＿的量，以氧的 mg/L 表示。

答案：高锰酸钾（$KMnO_4$）　氧化剂

10. 根据地表水环境质量标准基本项目标准限值（GB 3838—2002），Ⅰ～Ⅲ类水标准值的范围是＿＿＿＿＿，劣Ⅴ类水的范围是＿＿＿＿＿。

答案：0～6 mg/L　15 mg/L 以上

11. 高锰酸盐指数监测仪一般应用于＿＿＿＿＿＿、＿＿＿＿＿＿和＿＿＿＿＿＿。

答案：地表水　饮用水　生活污水

12. COD_{Mn} 测定根据含氯不同，分为＿＿＿＿＿和＿＿＿＿＿＿，常规地表水一般采用测量，当水样中 Cl^- 大于＿＿＿＿＿mg/L 时，则需采用碱性法测定。

答案：酸性法　碱性法　酸性法　300

13. 高锰酸盐指数监测仪酸性法采用的介质是＿＿＿＿＿＿，碱性法采用的介质是＿＿＿＿＿＿。

答案：硫酸　氢氧化钠

14. 高锰酸盐指数，滴定法中采用的终点判定方法有＿＿＿＿＿＿和＿＿＿＿＿＿＿。

答案：比色法　ORP 电极电位法

15. 高锰酸盐指数监测仪使用的标液一般有 3 种，为＿＿＿＿＿＿＿、＿＿＿＿＿＿＿和＿＿＿＿＿＿＿。

答案：草酸钠标准溶液　间苯二酚标准溶液　葡萄糖标准溶液

16. 高锰酸盐指数可以氧化水中＿＿＿＿＿＿＿和＿＿＿＿＿＿＿＿两大类物质。

答案：有机物　无机还原物质

17. 国家标准《水质　高锰酸盐指数的测定》（GB 11892—89）中规定的测定范围是＿＿＿＿mg/L，当高锰酸盐指数超过＿＿＿＿mg/L 时，应少取水样并经＿＿＿＿后再测定。

答案：0.5～4.5　5　稀释

18. 国家标准《水质 高锰酸盐指数的测定（GB 11892—89）》中规定消解需要在＿＿＿＿中消解＿＿＿＿min，滴定过程需要＿＿＿＿进行。

答案：沸水浴　30　趁热

19. 仪器分析过程中，溶液需要均匀混合，采用的方法一般是＿＿＿＿或＿＿＿＿。

答案：磁力搅拌　空气搅拌

20. 高锰酸盐指数是一个相对的条件性指标，其测定结果与溶液的＿＿＿＿、高锰酸盐的＿＿＿＿、加热＿＿＿＿和＿＿＿＿有关。

答案：酸度　浓度　温度　时间

21．高锰酸盐指数自动分析仪采用的方法原理主要有三种：分别为：______________、______________和______________。

答案：高锰酸盐氧化-比色滴定法　高锰酸盐氧化-ORP 电位滴定法　UV 法

22．测定高锰酸盐指数的水样采集后，应加入________，使 pH＜2 以抑制微生物的活动，样品应在________天之内分析。

答案：硫酸　2

23．草酸钠和高锰酸钾溶液在________和________条件下易分解，因此需要________和________保存。

答案：高温　光照　低温　避光

24．通常情况下，如果提升高锰酸钾溶液的浓度，就会_________高锰酸钾的氧化性，从而造成高锰酸盐指数的测定结果发生_________的现象。

答案：增加　正偏差

25．配制硫酸溶液时，只能把_______缓慢倒入_______中，并不断搅拌，待冷却后再使用。

答案：硫酸　水

26．以___________溶液为氧化剂测得的化学需氧量，称为高锰酸盐指数，以_________（mg/L）表示。

答案：高锰酸钾氧　含量

27．高锰酸盐指数仪器高锰酸钾管路中的黑色沉淀是什么物质________。

答案：MnO_2

28．化学需氧量自动监测仪的废水样及试剂的输送可采用_____________、___________和__________等方式。

答案：气体压力法　注射器法　蠕动泵

29．高锰酸盐氧化-ORP 滴定法因为滴定终点采用__________________来判断，不受水样_________和_________的干扰，比传统的比色法更加准确可靠，因而在高锰酸盐指数自动分析仪中得到广泛的应用。

答案：氧化还原电位　浊度　色度

30．根据水体中氯离子含量不同，高锰酸盐指数测定分为酸性法和碱性法，常规地表水一般采用______测量，当水样中氯离子浓度大于_____mg/L 时，则需采用碱性法测定。

答案：酸性法　300

31．在《地表水环境质量标准》（GB 3838—2002）中，三类水水质的高锰酸盐指数在地表水环境质量标准基本项目标准限值（湖、库）为________mg/L。

答案：6

32．高锰酸盐指数自动分析仪采用的方法原理主要有 3 种：____________________、高锰酸盐氧化-ORP 电位滴定法和＿＿＿＿＿＿＿＿＿＿。

答案：高锰酸盐氧化-比色滴定法　UV 法

二、单选题

1．COD 是指水体中＿＿＿＿的主要污染指标。（　　）

A．氧含量　　B．含营养物质量

C．含有机物及还原性无机物量　　D．含有机物及氧化物量

答案：C

2．测定水中所采用的方法，在化学上称为＿＿＿＿。（　　）

A．中和反应　　B．置换反应　　C．氧化还原反应　　D．络合反应

答案：C

3．在进行测定时，取 50 ml 均匀水样，并用水稀释至 100 ml，转入 250 ml 锥形瓶中，加入 5 ml（1+3）H_2SO_4混匀，加入 10 ml C（1/5 $KMnO_4$）=0.01 mol/L $KMnO_4$溶液，摇匀，立即放入沸水浴中加热，在水浴加热过程中，紫色褪去，以下操作正确的是＿＿＿＿。（　　）

A．再加 10 ml C（1/5$KMnO_4$）=0.01 mol/L $KMnO_4$溶液

B．继续加热至 30 min

C．酌情减少取样量，重新分析

答案：C

4．测定高锰酸盐指数时，取样量应保持在使反应后滴定所消耗的溶液量为加入量的＿＿＿＿。（　　）

A．1/5～4/5　　B．1/2～1/3　　C．1/5～1/2　　D．1/3～1/4

答案：C

5．在测定中，吸取水样体积多少对测定结果有影响，当体积过小时，测定结果会＿＿＿＿。（　　）

A．偏高　　B．偏低　　C．无影响

答案：A

6．高锰酸盐指数 COD_{Mn} 仪表分析样品时，最后滴定所使用的试剂为＿＿＿＿。（　　）

A．硫酸溶液　　B．高锰酸钾溶液

C．草酸钠溶液　　D．葡萄糖溶液

答案：B

7．高锰酸盐指数零点核查的要求是绝对误差≤＿＿＿＿。（　　）

A．±0.5 mg/L　　B．±0.3 mg/L　　C．±1.0 mg/L　　D．±0.1 mg/L

答案：C

8．“COD”是指________。（　　）

A．生化需氧量　　B．化学需氧量　　C．溶解氧　　D．耗氧量

答案：B

9．高锰酸盐指数测量，溶液为深红色时 ORP 电极电位________，溶液为无色时 ORP 电极电位________。（　　）

A．偏高，偏高　　B．偏高，偏低　　C．偏低，偏高　　D．偏低，偏低

答案：B

10．影响高锰酸盐指数测量结果的条件不包含________。（　　）

A．消解温度　　B．消解时长　　C．滴定温度　　D．环境温度

答案：D

11．高锰酸盐指数监测仪使用的标液，一般有三种不包含________。（　　）

A．草酸钠溶液　　B．氯化钠溶液　　C．间苯二酚溶液　　D．葡萄糖溶液

答案：B

12．水中不消耗高锰酸钾的物质是________。（　　）

A．硝酸盐　　B．亚硝酸盐　　C．亚铁盐　　D．硫化物

答案：A

13．根据《水质　高锰酸盐指数的测定》（GB 11892—89），样品中加入已知量的高锰酸钾和硫酸，在沸水浴中加热________。（　　）

A．5 min　　B．10 min　　C．30 min　　D．60 min

答案：C

14．高锰酸盐指数的测定，当水样中氯离子浓度高于________时，应采用碱性法。（　　）

A．10 mg/L　　B．100 mg/L　　C．300 mg/L　　D．1 000 mg/L

答案：C

15．测量高锰酸盐指数时的最佳滴定温度范围是________。（　　）

A．30～40℃　　B．40～50℃　　C．50～60℃　　D．60～80℃

答案：D

16．高锰酸盐指数在线分析仪中硝酸银的作用是________。（　　）

A．氧化剂　　B．还原剂　　C．掩蔽剂　　D．标液

答案：C

17．在酸性环境中的氧化效率最高的氧化剂是________。（　　）

A．重铬酸钾　　B．高锰酸钾　　C．草酸钠　　D．硝酸钾

答案：A

18．地表水Ⅰ类水中高锰酸盐指数的限值为________。（　　）

A．1 mg/L　　B．2 mg/L　　C．5 mg/L　　D．8 mg/L

答案：B

19．地表水III类水中高锰酸盐指数的限值为________。（　　）

A．2 mg/L　　B．6 mg/L　　C．10 mg/L　　D．15 mg/L

答案：B

20．地表水Ⅴ类水中高锰酸盐指数的限值为________。（　　）

A．2 mg/L　　B．6 mg/L　　C．15 mg/L　　D．20 mg/L

答案：C

21．高锰酸盐指数滴定泵不包含________。（　　）

A．注射泵　　B．蠕动泵　　C．脉冲泵　　D．电磁阀

答案：D

22．化学需氧量的测定方法不包含________。（　　）

A．氯酸钾氧化　　B．高锰酸钾氧化

C．重铬酸钾氧化　　D．羟基法

答案：A

23．高锰酸盐指数检测过程中试剂添加的顺序是，氧化阶段________，还原阶段________，滴定阶段________。（　　）

A．高锰酸钾，草酸钠，草酸钠

B．高锰酸钾，高锰酸钾，草酸钠

C．高锰酸钾，草酸钠，高锰酸钾

D．草酸钠，高锰酸钾，高锰酸钾

答案：C

24．高锰酸钾滴定法具备良好的线性，所以高锰酸盐指数分析仪一般采用________来对仪器进行校准。（　　）

A．单点标定　　B．两点标定　　C．三点标定　　D．四点标定

答案：B

25．在线高锰酸盐指数 COD_{Mn} 仪表分析样品时，最后滴定所使用的试剂为________。（　　）

A．硫酸溶液　　B．高锰酸钾溶液　　C．草酸钠溶液　　D．葡萄糖溶液

答案：B

三、多选题

1．下列水中的会消耗高锰酸钾的物质是________。(　　)

A．硝酸盐　　B．亚硝酸盐　　C．亚铁盐　　D．硫化物

答案：BCD

2．高锰酸盐指数监测仪管路定期清洗时，一般用________进行清洗。(　　)

A．稀盐酸　　B．稀硝酸　　C．浓硫酸　　D．草酸

答案：AB

3．化学需氧量反映了水中受还原性物质污染的程度，这些物质包括________。(　　)

A．有机物　　B．亚硝酸盐　　C．亚铁盐　　D．硫化物

答案：ABCD

4．影响高锰酸盐指数测量结果的条件包含________。(　　)

A．消解温度　　B．消解时长　　C．滴定温度　　D．环境温度

答案：ABC

5．高锰酸盐指数监测仪使用的标液，一般有三种，包括________。(　　)

A．草酸钠溶液　　B．氯化钠溶液　　C．间苯二酚溶液　　D．葡萄糖溶液

答案：ACD

6．高锰酸盐指数滴定泵包含________。(　　)

A．注射泵　　B．蠕动泵　　C．电磁阀　　D．脉冲泵

答案：ABD

7．化学需氧量的测定方法包含________。(　　)

A．氯酸钾氧化　　B．高锰酸钾氧化

C．重铬酸钾氧化　　D．羟基法

答案：BCD

8．地表水自动监测系统中高锰酸盐指数仪的测定原理是在水样中加入高锰酸钾和________，在100℃下加热30min，水样中的某些有机物和无机还原性物质被氧化，然后加入过量的________还原剩余的高锰酸钾，再用高锰酸钾溶液滴定，达到滴定终点后，给出水样中的高锰酸盐指数值。(　　)

A．硫酸　　B．盐酸　　C．葡萄糖　　D．草酸钠

答案：AD

9．化学需氧量自动监测仪的废水样及试剂的输送可采用________、________和________等方式。(　　)

A．采水泵　　B．气体压力法　　C．注射器法　　D．蠕动泵

答案：BCD

10．高锰酸盐氧化-ORP 滴定法因为滴定终点采用氧化还原电位来判断，不受水样的________干扰，比传统的比色法更加准确可靠，因而在高锰酸盐指数自动分析仪中得到广泛的应用。（　　）

A．温度　　B．浊度　　C．色度　　D．酸度

答案：BC

11．高锰酸盐指数检测过程中添加的试剂有________。（　　）

A．高锰酸钾　　B．草酸钠　　C．硫酸　　D．氢氧化钠

答案：ABCD

12．高锰酸盐指数酸法检测过程中添加的试剂有________。（　　）

A．高锰酸钾　　B．草酸钠　　C．硫酸　　D．氢氧化钠

答案：ABC

13．高锰酸盐指数碱法检测过程中添加的试剂有________。（　　）

A．高锰酸钾　　B．草酸钠　　C．硫酸　　D．氢氧化钠

答案：ABCD

14．高锰酸钾滴定法具备良好的线性，所以高锰酸盐指数分析仪一般采用的校准方式不包括________。（　　）

A．单点标定　　B．两点标定　　C．三点标定　　D．四点标定

答案：ACD

15．下列有关于 ORP 电极的说法正确的是________。（　　）

A．ORP 电极原理是检测氧化还原电位

B．氧化性溶液中 ORP 电极值处于一个高值

C．还原性溶液中 ORP 电极值处于一个低值

D．一般滴定终点 ORP 电极值是定值

答案：ABC

16．下列关于 ORP 电极的说法错误的是________。（　　）

A．ORP 电极原理是检测氧化还原电位

B．氧化性溶液中 ORP 电极值处于一个低值

C．还原性溶液中 ORP 电极值处于一个高值

D．ORP 电极判定终点一般是个动态过程

答案：BC

17．《水质　高锰酸盐指数的测定》（GB 11892—89）中规定的方法适用于________的测定。（　　）

A．饮用水　B．水源水　C．地表水　D．工业废水

答案：ABC

18．高锰酸盐指数自动分析仪常用的方法有________。(　　)

A．重铬酸钾氧化-ORP 电位滴定法

B．高锰酸盐氧化-比色滴定法

C．高锰酸盐氧化-ORP 电位滴定法

D．高锰酸盐氧化-UV 法

答案：BCD

19．高锰酸盐指数酸法检测过程中高锰酸钾的作用是________。(　　)

A．氧化剂　B．还原剂　C．滴定　D．催化剂

答案：AC

20．高锰酸盐指数分析仪监测后产生的废液具有________的性质。(　　)

A．氧化性　B．还原剂　C．酸性　D．腐蚀性

答案：ACD

21．在线高锰酸盐指数 COD_{Mn} 仪表判断滴定终点的常用方法有________。(　　)

A．阳极溶出伏安法　B．比色法

C．ORP 电极氧化还原滴定法　D．电导池电极法

答案：BC

22．导致在线高锰酸盐指数 COD_{Mn} 仪表分析样品时，进入滴定过程时直接到达滴定终点的可能原因是________。(　　)

A．高锰酸钾试剂浓度偏高　B．草酸钠试剂浓度偏低

C．电极故障　D．加热温度设定为 95℃

答案：ABC

23．影响在线高锰酸盐指数 COD_{Mn} 仪表消解率的主要因素有________。(　　)

A．消解温度　B．消解时间

C．高锰酸钾试剂浓度　D．硫酸试剂浓度

答案：ABCD

24．在线高锰酸盐指数 COD_{Mn} 仪表常见加热方式一般有________。(　　)

A．高压加热方式　B．内加热方式

C．外部电热丝加热方式　D．油浴加热方式

答案：BCD

25．在线高锰酸盐指数 COD_{Mn} 仪表判断滴定终点的常用方法有________。(　　)

A．阳极溶出伏安法　B．比色法

C．ORP 电极氧化还原滴定法　　D．电导池电极法

答案：BC

26．导致在线高锰酸盐指数 COD_{Mn} 仪表分析样品时，进入滴定过程时直接到达滴定终点的可能原因是________。（　　）

A．高锰酸钾试剂浓度偏高　　B．草酸钠试剂浓度偏低

C．电极故障　　D．加热温度设定为 95℃

答案：ABC

27．影响在线高锰酸盐指数 COD_{Mn} 仪表消解率的主要因素有________。（　　）

A．消解温度　　B．消解时间

C．高锰酸钾试剂浓度　　D．硫酸试剂浓度

答案：ABCD

28．在线高锰酸盐指数 COD_{Mn} 仪表常见加热方式一般有________。（　　）

A．高压加热方式　　B．内加热方式

C．外部电热丝加热方式　　D．油浴加热方式

答案：BCD

四、判断题

1．消解温度越高，反应速率越快。（　　）

答案：√

2．试剂更换后不用重新校准。（　　）

答案：×

3．温度对测定结果影响较小。（　　）

答案：×

4．测定高锰酸盐指数时，碱性 $KMnO_4$ 法常用于含 Cl^- 浓度较高的水样。（　　）

答案：√

5．测定高锰酸盐指数时，酸性 $KMnO_4$ 法常用于含 Cl^- 浓度较高的水样。（　　）

答案：×

6．高锰酸钾溶液的浓度对测定结果影响较大。（　　）

答案：√

7. 高锰酸盐指数不能作为地表水体受有机污染物和还原性无机物质污染程度的综合指标。（　　）

答案：×

8. 高锰酸盐指数是地表水体受有机污染物和氧化性无机物质污染程度的综合指标。（　　）

答案：×

9. 高锰酸盐指数是地表水体受有机污染物和还原性无机物质污染程度的综合指标。（　　）

答案：√

10. 只有草酸钠可以作为高锰酸盐指数的标液。（　　）

答案：×

11. 只有葡萄糖可以作为高锰酸盐指数的标液。（　　）

答案：×

12. 仪器管路清洗可以用浓硫酸清洗。（　　）

答案：×

13. 仪器管路清洗可以用稀硝酸或稀盐酸清洗。（　　）

答案：√

14. 当水样的高锰酸盐指数值超过量程时，应取少量试样，并用水稀释后再行测定。（　　）

答案：√

15. 当水样的高锰酸盐指数值超过量程时，无须处理，继续测量。（　　）

答案：×

16. 仪器在氧化阶段断电后，重启仪器可立即进行清洗。（　　）

答案：×

17. 仪器在氧化阶段断电后，重启仪器需等待反应杯温度降至安全范围再进行清洗。（　　）

答案：√

18. 试剂更换后需要重新校准。（　　）

答案：√

19. 仪器运行过程中，按照要求只能一周校准一次。（　　）

答案：×

20. 不同厂家设计的消解模块，氧化时间长短不一。（　　）

答案：√

21. 加热时间与测定结果成正比。（　　）

答案：√

22. 酸度对测定结果影响较小。（　　）

答案：√

23. 温度对测定结果影响较大。（　　）

答案：√

24. 取样量越小，测定结果越小。（　　）

答案：×

25．高锰酸钾溶液的浓度对测定结果影响较大。（　　）

答案：√

26．高锰酸盐指数加标回收率的频次要求为每周。（　　）

答案：×

27．高锰酸盐氧化-比色滴定法因为滴定终点采用氧化还原电位来判断，不受水样浊度和色度的干扰。（　　）

答案：×

28．高锰酸盐指数分析仪的 ORP 电极作为滴定终点的判断工具，在分析仪中有着非常重要的作用，ORP 电极一般每 6 个月更换一次。（　　）

答案：×

五、简答题

1．简述高锰酸盐指数的定义。

答案：高锰酸盐指数是反映水体中有机物及无机可氧化物质污染的常用指标。其定义为：在一定条件下，用高锰酸钾氧化水样中的某些有机物及无机还原性物质，由消耗的高锰酸钾的量计算相当氧的量。高猛酸盐指数不能作为理论需氧量或总有机物含量的指标，因为在规定条件下，许多有机物只能部分被氧化，易挥发的有机物不包含在测定值之内。

2．简述高锰酸盐的测定原理？

答案：样品中加入已知量高锰酸钾和硫酸，在沸水浴中加热 30 min，高锰酸钾将样品中的某些有机物和无机还原性物质氧化，反应后加入过量草酸钠还原剩余的高锰酸钾，再用高锰酸钾标准溶液回滴过量草酸钠。通过计算得到样品中高锰酸盐指数。

3．1 水样中氯离子大于 300 mg/L 时，采用什么方法测定高锰酸盐指数？简述测定过程。

答案：碱性法测定高锰酸盐指数。样品中加入已知量的高锰酸钾和氢氧化钠，在沸水浴中加热 30 min，高锰酸钾将样品中的某些有机物和无机还原性物质氧化，反应后加入硫酸，在酸性条件下，用草酸钠还原过量的高锰酸钾，再用高锰酸钾标准溶液回滴过量的草酸钠，通过计算消耗的高锰酸钾得到样品中高锰酸盐指数。

4．水浴加热后，样品为什么无色？怎样保持样品的淡红色？

答案：水浴加热后，样品无色是因为样品浓度太高，高锰酸钾的量不够，应将样品稀释之后，重新测定，保持样品淡红色。

5．简述国标法中高锰酸盐指数的检测原理（包括酸法和碱法）。

答案：酸法：样品中加入已知量的高锰酸钾和硫酸，在沸水浴中加热 30 min，高锰酸钾将样品中的某些有机物和无机还原性物质氧化，反应后加入过量的草酸钠还原剩余的高锰酸钾，再用高锰酸钾标准溶液回滴过量的草酸钠，通过计算消耗的高锰酸钾得到样品中高锰酸盐指数。

碱法：样品中加入已知量的高锰酸钾和氢氧化钠，在沸水浴中加热 30 min，高锰酸钾将样品中的某些有机物和无机还原性物质氧化，反应后加入硫酸，在酸性条件下，用草酸钠还原过量的高锰酸钾，再用高锰酸钾标准溶液回滴过量的草酸钠，通过计算消耗的高锰酸钾得到样品中高锰酸盐指数。

6．简述高锰酸盐指数的仪器检测流程。

答案：分析仪进样方式一般采用蠕动泵进样或者注射泵进样，按照进样方式的不同，测量流程略有不同。

（1）待测水样进入待测样水杯，水样杯内有液位开关探测待测水样液位，当水样不足时，仪器会发出警报，停止测量；

（2）仪器进行测量时，将样水杯中的待测水样泵入反应杯中进行润洗，润洗结束后排空，然后重新注入定量的待测水样，同时，泵入定量硫酸；

（3）仪器通过电磁阀控制样水、低标和高标，并且每次进样前都会抽取相应的样品进行润洗，避免交叉污染引入测量或者标定的误差；

（4）进样结束后，在搅拌子的搅拌作用下，开启反应杯中的加热开关，将溶液加热到 95℃，并始终保持在该温度；

（5）溶液温度达到 95℃后，加入定量的高锰酸钾溶液进行氧化，在此过程中，水样中的某些有机物及无机还原物质被高锰酸钾氧化；

（6）氧化反应结束后，加入定量的草酸钠溶液还原剩余的高锰酸钾，还原结束后，过量部分的草酸钠反映了待测水样的高锰酸盐指数；

（7）上述反应结束后，以非常缓慢的速度匀速泵入高锰酸钾溶液与反应溶液中过量的草酸钠反应，直至将草酸钠反应完毕，通过 ORP 电极或单色光（525 nm）检测判定滴定终点并记录，最后计算出样水的高锰酸盐指数；

（8）每次测量结束，仪器会自动清洗反应杯，清洗水进入反应杯清洗后重新注入清洗水，保护 ORP 电极等主要部件，在下次测量前再排空。

7．简述酸法和碱法的区别。

答案：（1）应用场所不同：酸法应用在氯离子含量低于 300 mg/L 的一般地表水中，碱法一般应用在氯离子含量高于 300 mg/L 的入海口。

（2）添加试剂不同，碱法在氧化的时候添加氢氧化钠，而酸法在氧化的时候添加的是硫酸。

（3）在酸性条件下，高锰酸钾的氧化能力较强，碱性条件下氧化能力较弱。

8．简述仪器氧化阶段加热方式中直接加热的特点。

答案：加热器安装在消解杯中，加热器外壳由耐高温，耐酸碱腐蚀的稀有金属组成，不对溶液的成分造成干扰，反应时发热部分没入溶液中直接加热，温度信号由温度传感器控制。

在消解杯内放置磁力搅拌子，由消解杯底部的搅拌马达带动旋转搅拌，搅拌速度可以自由调节，保障溶液混合均匀，使反应及时快速地进行。

同时在消解杯上方有冷凝管，对蒸发的水样进行空气冷凝回流，以避免消解过程中由于样品挥发造成测量误差。

溶液直接加热消解效率较高，所以反应时间一般较短，水样进样量也与国标接近。同时，搅拌子直接搅拌的方式使滴定反应更快速和均匀。

9．简述仪器氧化阶段加热方式中电热丝加热的特点。

答案：在消解杯的外部缠绕电热丝加热，温度信号由温度传感器控制。溶液反应时采用注入空气的方式进行搅拌。

一般采用电热消解时，水样的进样量比较小，否则加热温度波动会较大。

10．简述仪器氧化阶段加热方式中油浴加热特点。

答案：消解杯夹层中加入导热硅油，通过加热器对硅油加热并保持在设定的温度，温度传感器浸没于硅油中，用于导热硅油的温度控制。

油浴加热消解更接近于国标方法中规定的水浴加热消解，消解时间也较长，一般在 30 min 左右。

11．简述仪器氧化阶段加热方式中直接加热和电热丝加热的区别。

答案：（1）直接加热加热棒接触试剂，电热丝加热缠在杯壁外侧不接触任何液体；

（2）直接加热的反应杯设计容量会大一些，电热丝加热反应杯容量相对较小；

（3）直接加热所用试剂试样消耗量大，电热丝加热所用试剂试样量小，可减小二次污染；

（4）直接加热的搅拌方式一般为磁力搅拌，电热丝加热的搅拌方式为磁力搅拌和空气搅拌都有。

12．简述泵阀维护过程中，更换蠕动泵泵管的过程。

答案：蠕动泵管在长时间的运行中会因为反复挤压产生轻微的变形，因而需要定期更换蠕动泵管，一般 6 个月左右更换一次。

先将旧蠕动泵导管取下；把新导管一端安紧在接头上，再用手将其按顺时针方向绕滚动轮转动，使其平整地安装在蠕动泵内壁上，确保导管既不太紧，也不太松，而且没有扭曲；让蠕动泵运行 3～4 个周期，使导管能够自我调节到适当的张力。如果发现导管太长，应在其上部末端将其剪短。如果发现导管太短，应重新安装。

13．简述高锰酸盐指数在线分析仪的主要结构。

答案：（1）计量单元由试样导入管、试剂导入管、试样计量器、试剂计量器等部分构成，有蠕动泵或者柱塞泵可供选择。

（2）反应器单元是氧化还原反应部分，由反应槽、加热器、搅拌器、恒温传感器等构成。

（3）检测单元是滴定终点指示部分，由滴定器、终点指示器（单色光检测或 ORP 电极）及信号转换器构成。

（4）试剂储存单元由硫酸、高锰酸钾、草酸钠溶液等的低温贮存罐组成。

（5）显示记录单元、数据传输等。

14．简述 COD_{Mn} 和 COD_{Cr} 的区别。

答案：（1）使用氧化剂不同，分别采用高锰酸钾和重铬酸钾；

（2）应用场合不同，COD_{Mn} 一般应用于地表水、饮用水、生活污水，而 COD_{Cr} 一般应用于工业废水；

（3）氧化程度不同，重铬酸钾氧化效率比高锰酸钾高；

15．简述高锰酸盐指数在线分析仪的应用范围。

答案：高锰酸盐指数酸性法主要用于表征地表水（江、河、湖泊、水库等）、地下水等淡水水体当中还原性物质的含量。高锰酸盐指数碱性法主要用于表征海水（近海岸和海洋）等盐度较大的水体当中还原性物质的含量。

六、计算题

1．市售 H_2SO_4，ρ=1.84 g/m^3，w（H_2SO_4）=96%，请问配制 30% H_2SO_4 溶液（ρ=1.22 g/m^3）500 ml，需量取市售 H_2SO_4 多少毫升？

答案：由于配制溶液前后硫酸的质量不变，设取市售 H_2SO_4 A ml，根据公式$\rho=m/V$ 则：

$1.22\ g/m^3 \times 500\ ml \times 30\% = 1.84\ g/m^3 \times A\ ml \times 96\%$

解得 A=103.6 ml

即需量取市售 H_2SO_4 103.6 ml。

七、综合分析题

1．高锰酸盐指数分析仪出现测量值异常时，有可能需要做的几项检查，请做详细分析。

答案：（1）确定量程是否选对；

（2）确定标液、校准是否成功；

（3）各管路是否充满液体，泵阀有无故障；

（4）检测器有无故障（液位检测、光电检测、ORP 检测）；

（5）氧化温度是否能达到预定温度；

（6）定量单元是否故障。

2．高锰酸盐指数分析仪出现试剂试样缺液现象，应如何排查。

答案：（1）查询日志、确认具体报哪个故障，同时确认试剂的存量、试剂管路是否堵塞或者未插入试剂液面以下；

（2）观察流程，确认抽取试剂时液位管或者管路是否漏气；

（3）检查阀体工作是否正常，单点控制相应电磁阀，确认阀体是否能正常开闭；用万用表电压档量联动模块相应阀体电压输出，确认是否有 24 V 输出；

（4）如不能消除报警，则可能液位计或其接线有问题。

第六章　总磷分析仪运行维护

一、填空题

1. 磷元素大量地进入水体，会使__________________大量繁殖，导致水体________现象。

答案：藻类植物和其他浮游生物　富营养化

2. 磷元素是_________生长发育所必需的。

答案：藻类植物

3. 总磷水质限值的主要参考标准是__________________。

答案：《地表水环境质量标准》（GB 3838—2002）

4. 跨度值为按照上一年度该因子的水质类别的________倍的值。

答案：2.5

5. 跨度核查浓度为跨度值的________。

答案：80%

6. 总磷水质自动分析仪的性能检验主要参考的标准________。

答案：《总磷水质自动分析仪技术要求》（HJ/T 103）

7. 在中性条件下用__________使试样消解，将所含磷全部氧化为正磷酸盐。在酸性介质中，正磷酸盐与________反应，在锑盐存在下生成磷钼杂多酸后，立即被抗坏血酸还原，生成蓝色的络合物。

答案：过硫酸钾　钼酸铵

8. 总磷水质自动分析仪的检测波长一般为________nm。

答案：700

9. 水样保存可采用加硫酸酸化至pH≤________保存。

答案：1

10. 样品通过蠕动泵、________以及多通阀定量输送到________中。

答案：计量模块　消解模块

11. 仪器一般包括上中下三部分，分为控制单元、取样单元、__________单元和________单元。

答案：检测　试剂

12．取样单元由__________、__________和截止阀组成。

答案：计量模块　多位阀

13．消解池/测定模块包含消解池、__________、__________、__________。

答案：PT100　高压阀　加热丝

14．更换蠕动泵导管时，需手动打开蠕动泵运行________周使导管内清空。

答案：3～4

15．液体传感器的作用是____________________。

答案：检测玻璃管内是否有液体

16．配制硫酸溶液时，只能把________缓慢倒入________中，并不断搅拌。

答案：硫酸　水

17．重复性是指在相同测量条件下，对同一被测量样品进行连续________测量所得结果之间的__________。

答案：多次　一致性

18．磷标准溶液的配置通常使用__________________来配置磷标准溶液。

答案：磷酸二氢钾

19．加热器不能正常工作时仪器会出现加热报警，仪器停止工作，需要检查和更换____________或者______________。

答案：加热器　控制电路板

20．计量系统的清洗，可在离线状态下用______________浸泡半小时清洗。

答案：30%的稀硫酸

21．目前，小型化总磷仪器的量程范围为____________。

答案：0～50 mg/L

22．小型化总磷测试所采用的标准物质是____________。

答案：磷酸二氢钾

23．目前组态小型化总磷仪器所采用的发光二极管波长为__________。

答案：700 nm

24．小型化仪器控制电路板主要控制仪器内的蠕动泵、多通阀、____________等部件。

答案：消解电热器

25．钼酸铵分光光度法是指在________条件下，正磷酸盐与__________、___________反应，生成磷钼杂多酸，被还原剂___________还原，生成蓝色络合物。

答案：酸性　钼酸铵　酒石酸锑钾　抗坏血酸

26．目前国内绝大部分厂家使用_________________________为原理开发总磷自动监测仪。

答案：过硫酸钾-钼酸铵分光光度法

二、单选题

1．水质总磷的监测主要方法为________。（　　）

A．钼酸铵分光光度法　　B．盐酸萘乙二胺分光光度法

C．水杨酸分光光度法　　D．纳氏试剂分光光度法

答案：A

2．采用《水质　总磷的测定　钼酸铵分光光度法》（GB 11893—89）分析总磷因子的测量范围是________。（　　）

A．0.01～0.6 mg/L　　B．0.04～5 mg/L

C．0.02～1 mg/L　　D．0.04～1 mg/L

答案：A

3．没有特殊说明，所用试剂纯度皆为________。（　　）

A．优级纯　　B．分析纯　　C．化学纯　　D．实验纯

答案：B

4．一般试剂________周更换一次。（　　）

A．1　　B．2　　C．3　　D．4

答案：B

5．蠕动泵管一般________个月左右更换一次。（　　）

A．3　　B．6　　C．12　　D．18

答案：B

6．更换蠕动泵的导管时，需手动打开蠕动泵运行________周使导管内清空。（　　）

A．1～2　　B．2～3　　C．3～4　　D．4 周以上

答案：C

7．藻类植物死亡以后，被微生物分解，使水体中的________明显减少。（　　）

A．pH　　B．电导率　　C．浊度　　D．溶解氧

答案：D

8．总磷自动监测仪所采用的检测波长为________nm。（　　）

A．220　　B．275　　C．420　　D．700

答案：D

9．消解比色模块不包含________。（　　）

A．消解杯　　B．加热丝　　C．多位阀　　D．高压阀

答案：C

10．特殊试剂需放________冰箱中。(　　)

A．−20℃　　B．0℃　　C．4℃　　D．20℃

答案：C

11．计量系统应保持洁净，故必要时，离线状态下用________浸泡半小时清洗。(　　)

A．5%的 NaOH 溶液　　B．30%的 NaOH 溶液

C．5%的稀硫酸　　D．30%的稀硫酸

答案：D

12．总磷自动监测仪使用的加热方法是________。(　　)

A．电热丝　　B．红外辐射

C．微波加热　　D．射频加热

答案：A

13．计量模块是由蠕动泵及步进电机、________、多通阀以及相配套电子控制电路板组成。(　　)

A．温度传感器　　B．高压阀　　C．液体检测器　　D．PLC

答案：C

14．《地表水环境质量标准》(GB 3838—2002)规定的总磷Ⅰ类水标准是________。(　　)

A．0.02（湖、库 0.01）　　B．0.1（湖、库 0.025）

C．0.2（湖、库 0.05）　　D．0.3（湖、库 0.1）

答案：A

15．《地表水环境质量标准》(GB 3838—2002)规定的总磷Ⅱ类水标准是________。(　　)

A．0.02（湖、库 0.01）　　B．0.1（湖、库 0.025）

C．0.2（湖、库 0.05）　　D．0.3（湖、库 0.1）

答案：B

16．《地表水环境质量标准》(GB 3838—2002)规定的总磷Ⅲ类水标准是________。(　　)

A．0.02（湖、库 0.01）　　B．0.1（湖、库 0.025）

C．0.2（湖、库 0.05）　　D．0.3（湖、库 0.1）

答案：C

17．《地表水环境质量标准》(GB 3838—2002)规定的总磷Ⅳ类水标准是________。(　　)

A．0.02（湖、库 0.01）　　B．0.1（湖、库 0.025）

C．0.2（湖、库 0.05）　　D．0.3（湖、库 0.1）

答案：D

18．《地表水环境质量标准》(GB 3838—2002)规定的总磷Ⅴ类水标准是________。(　　)

A．0.1（湖、库 0.025）　　B．0.2（湖、库 0.05）

C．0.3（湖、库 0.1）　　D．0.4（湖、库 0.2）

答案：D

19．小型化总磷自动监测仪的仪器界面中，没有的是________。（　　）

A．设置　　B．维护　　C．查询　　D．串口调试

答案：D

20．加热器是由加热丝和________组成。（　　）

A．光电检测器　　B．温度传感器　　C．消解杯　　D．高压阀

答案：B

21．孔雀绿-磷钼杂多酸分光光度法：在酸性条件下，利用碱性染料孔雀绿与磷钼杂多酸生成________离子缔合物，并以聚乙烯醇稳定显色液，直接在水相用分光光度法测定正磷酸盐。（　　）

A．红色　　B．蓝色　　C．绿色　　D．紫色

答案：C

22．目前组态小型化总磷仪器所采用的发光二极管波长的为________。（　　）

A．450 nm　　B．500 nm　　C．600 nm　　D．700 nm

答案：D

23．过硫酸钾-钼酸铵分光光度法：在中性条件下用过硫酸钾使试样消解，将所含磷全部氧化为正磷酸盐。在酸性介质中，正磷酸盐与钼酸铵反应，在锑盐存在下生成磷钼杂多酸后，立即被抗坏血酸还原，生成________的络合物。（　　）

A．红色　　B．蓝色　　C．绿色　　D．紫色

答案：B

24．总磷分析仪一般在_________nm 波长测定吸光度。（　　）

A．650　　B．700　　C．880　　D．900

答案：B

三、多选题

1．总磷包含以下________态的磷。（　　）

A．溶解的　　B．颗粒的　　C．有机的　　D．无机的

答案：ABCD

2．总磷的主要来源是________。（　　）

A．生活污水　　B．化肥

C．有机磷农药　　D．洗涤剂所用的磷酸盐增洁剂

答案：ABCD

3．水中磷可以________等形式存在。（　　）

A．元素磷　　B．正磷酸盐　　C．缩合磷酸盐　　D．有机团结合的磷酸盐

答案：ABCD

4．钼酸铵分光光度法测总磷的特点是________。（　　）

A．准确度高　　B．测试过程复杂　C．部件成本低　　D．维护简单

答案：ACD

5．钼酸铵分光光度法适用于________中总磷含量的测定。（　　）

A．地表水　　B．地下水　　C．工业废水　　D．生活污水

答案：ABCD

6．计量模块包括________。（　　）

A．液体传感器　　B．计量管　　C．多位阀　　D．蠕动泵

答案：ABD

7．为安全起见，化学试剂应由专业人员准备，配制试剂时尽量________。（　　）

A．穿上安全服　　B．戴上安全眼罩/面罩

C．戴橡胶手套　　D．穿橡胶鞋

答案：ABC

8．消解池/测定模块包含________。（　　）

A．消解池　　B．PT100　　C．高压阀　　D．加热丝

答案：ABCD

9．“从消解池排放废液时，能将废液抽到计量管，排放时又返回消解池（排空超时）”的原因是________。（　　）

A．废液管堵住　B．多位阀不转　　C．上高压阀未打开　D．PT100 故障

答案：ABC

10．以下描述不正确的是________。（　　）

A．过硫酸钾不能低温保存　　B．过硫酸钾配制时可高温加热溶解

C．抗坏血不需要避光保存　　D．PT100 的作用是测量吸光度

答案：BCD

11．加热超时的原因是________。（　　）

A．温度保险管是否导通　　B．加热丝是否断开

C．PT100 是否正常　　D．蠕动管是否损坏

答案：ABC

12．以下描述正确的是________。（　　）

A．蠕动泵：将试剂、水样和蒸馏水注入和排出测定模块的装置

B．截止阀：用于精确控制蠕动泵的取液量

C．消解池/测定模块：消解水样的装置/用来测定水样总磷浓度的装置

D．传感器：检测管内是否有液体、光电信号强度和温度等

答案：ABCD

13．仪器运行时故障显示加热故障，可能的原因是________。（　　）

A．温度保险管不通　　B．加热丝断开

C．接线不良　　D．温度传感器不正常

答案：ABCD

14．仪器采样时未采集到试样可能的原因是________。（　　）

A．管路堵塞或者漏气　　B．电路板损坏不能控制相应驱动

C．蠕动泵管没有压紧　　D．无相应的样品

答案：ABCD

15．一般总磷自动监测仪主界面没有的是________。（　　）

A．上次测量值　　B．标定　　C．测量时间　　D．吸光度

答案：BD

16．登录权限一般包括________级登录。（　　）

A．1　　B．2　　C．3　　D．4

答案：AB

17．进液/排液故障的原因可能为________。（　　）

A．管路堵塞或者漏气　　B．选择阀故障

C．蠕动泵及其相应配件损坏　　D．电路板损坏

答案：ABCD

18．PLC 无响应的原因可能为________。（　　）

A．连接主控板和显示屏的串口线故障　　B．主板与显示屏串口线松动

C．主板连接端有松动或接触不良　　D．主板烧坏

答案：ABCD

19．造成测量数据波动大的原因可能为________。（　　）

A．环境温度波动大，加热温度不稳定　　B．试剂污染或者是试剂过期

C．未接地线　　D．硬件故障

答案：ABCD

20．造成光电计量模块异常的原因可能为________。（　　）

A．低量程状态下测高浓度的水样　　B．硬件损坏

C．接线松动　　D．现场水样特别脏导致电压异常

答案：BCD

四、判断题

1．液体传感器用于计量液体体积。（　　）

答案：×

2．一般试剂 1 个月更换一次。（　　）

答案：×

3．配制试剂时请尽量穿上安全服，戴上安全眼罩/面罩和橡胶手套。（　　）

答案：√

4．蠕动泵管一般 6 个月左右更换一次。（　　）

答案：√

5．池塘和湖泊中藻类大量繁殖，形成的富营养化现象叫作“赤潮”。（　　）

答案：×

6．海水中藻类大量繁殖，形成的富营养化现象叫作“水华”。（　　）

答案：×

7．目前国内绝大部分厂家使用过硫酸钾-钼酸铵分光光度法为原理开发总磷自动监测仪。（　　）

答案：√

8．样品在密闭的消解池中加热消解后马上加入抗坏血酸和钼酸铵显色。（　　）

答案：×

9．总磷自动监测仪所采用的检测波长为 700 nm。（　　）

答案：√

10．截止阀用于精确控制蠕动泵的取液量。（　　）

答案：√

11．《地表水环境质量标准》（GB 3838—2002）规定的总磷Ⅰ类水标准为 0.2（湖、库 0.1）。（　　）

答案：×

12．仪器常用试剂一般需要 2 周更换一次，特殊试剂需要放置在 4℃冰箱中。（　　）

答案：√

13．计量管中不应有液体残留，以免出现交叉污染。（　　）

答案：√

14．计量管用于计量液体体积。（　　）

答案：√

15．没有特殊说明，所用试剂皆为优级纯。（ ）

答案：×

16．在完整的保护措施下，现场运维人员均可进行化学试剂的配制工作。（ ）

答案：×

17．仪器应避免振动，强光照射，保持干燥和清洁。（ ）

答案：√

18．数据查询一般包括历史数据和数据曲线两大部分。（ ）

答案：√

19．仪器的加热温度可以随意设定。（ ）

答案：×

20．仪器的消解时长可以随意设定。（ ）

答案：×

五、简答题

1．简述蠕动泵的导管更换流程。

答案：（1）手动操作将蠕动泵关闭；

（2）将旧蠕动泵导管取下；

（3）手动打开蠕动泵运行 3～4 周使导管内清空；

（4）当泵在运转时，将旧导管按顺时针方向取出；

（5）将新导管一端安紧在接头上，再用手将其按顺时针方向绕滚动轮转动，使它平整地安装在蠕动泵内壁上，确保导管既不太紧，也不太松，而且没有扭曲；

（6）让蠕动泵运行 3～4 个周期，使导管能够自我调节到适当的张力，如果发现导管太长，应在它的上部末端将它剪短。

2．简述总磷自动监测仪的测量流程。

答案：样品通过蠕动泵、光电开关组成的计量模块以及多通阀定量输送到消解池中，随后以同样的方式加入一定量的过硫酸钾，在密闭的消解池中加热消解，冷却后加入抗坏血酸和钼酸铵显色，最后以 700 nm 波长测定吸光度，通过与已经标定完成的曲线计算水样的实际浓度。

3．简述水体中 P 元素含量过多导致的现象、原因和危害。

答案：水体中 P 元素含量过多导致水体富营养化现象。P 是藻类植物生长发育所必需的元素，过多会使藻类植物和其他浮游生物大量繁殖。这些生物死亡以后，被微生物分解，使水体中溶解氧的含量明显减少，还会产生出硫化氢、甲烷等有毒物质，严重地影响人畜的安全饮水。

4. 简述钼酸铵分光光度法测试总磷的原理。

答案：在中性条件下用过硫酸钾使试样消解，将所含磷全部氧化为正磷酸盐。在酸性介质中，正磷酸盐与钼酸铵反应，在锑盐存在下生成磷钼杂多酸后，立即被抗坏血酸还原，生成蓝色的络合物。该蓝色络合物在 700 nm 波长处有最大吸收。

5. 简述总磷分析仪器的主要部件。

答案：蠕动泵、计量模块、多位阀、截止阀、消解比色模块。

6. 简述电磁阀堵塞时的操作。

答案：日常运行中发现堵塞时可将电磁阀旋开，用清水将堵塞物冲走即可。

7. 简述出现“加热故障”时，可能的原因及解决办法。

答案：（1）温度保险管没有导通：更换温度保险管；

（2）加热丝断开：更换加热丝；

（3）温度传感器异常：维修或更换。

8. 简述出现“无模拟量输入”时，可能的原因及解决办法。

答案：接线松动：更换接线或重新连接。

9. 简述出现“抽不上试剂”时，可能的原因及解决办法。

答案：（1）蠕动泵管磨损：换新，建议 1～3 个月更换一次泵管；

（2）管路密封性不好：检查各管路接头处是否扭紧。

10. 简述出现“光源故障”时，可能的原因及解决办法。

答案：（1）光源不能正常打开关闭：检查光源；

（2）接线不良好：检查接线是否良好。

六、计算题

1. 仪器进行 24 h 零点核查，零点标液浓度为 0 mg/L，技术要求为±0.02 mg/L，一周测量值为 0.017 085 3 mg/L、0.013 020 5 mg/L、0.012 161 5 mg/L、0.011 678 2 mg/L、0.011 303 6 mg、/L0.011 331 4 mg/L 和 0.015 170 9 mg/L，判断此仪器核查是否符合要求。

答案：

测定结果/（mg/L）		绝对误差/（mg/L）	技术要求	评价
测量值	零点核查			
0.017 085 3	0.000 0	0.017 085 3	±0.02 mg/L	合格
0.013 020 5	0.000 0	0.013 020 5		
0.012 161 5	0.000 0	0.012 161 5		
0.011 678 2	0.000 0	0.011 678 2		
0.011 303 6	0.000 0	0.011 303 6		
0.011 331 4	0.000 0	0.011 331 4		
0.015 170 9	0.000 0	0.015 170 9		

2．仪器进行 24 h 零点漂移，零点标液浓度为 0 mg/L，跨度值为 0.5 mg/L，技术要求为±5%，一周测量值为 0.017 085 3 mg/L、0.013 020 5 mg/L、0.012 161 5 mg/L、0.011 678 2 mg/L、0.011 303 6 mg/L、0.011 331 4 mg/L 和 0.015 170 9 mg/L，判断此仪器 24 h 零点漂移是否符合要求。

答案：

测定结果/（mg/L）		零点漂移	技术要求	评价
当日	前一日			
0.017 085 3			±5%	合格
0.013 020 5	0.017 085 3	−0.81%		
0.012 161 5	0.013 020 5	−0.17%		
0.011 678 2	0.012 161 5	−0.10%		
0.011 303 6	0.011 678 2	−0.07%		
0.011 331 4	0.011 303 6	0.01%		
0.015 170 9	0.011 331 4	0.77%		

3．仪器进行 24 h 跨度核查，跨度值为 0.5 mg/L，技术要求为±10%，一周测量值为 0.377 586 mg/L、0.380 697 mg/L、0.381 033 mg/L、0.379 691 mg/L、0.383 897 mg/L、0.382 448 mg/L 和 0.380 504 mg/L，判断此仪器核查是否符合要求。

答案：

测定结果/（mg/L）		相对误差	技术要求	评价
测量值	跨度核查浓度			
0.377 586	0.400 0	−5.60%	±10%	合格
0.380 697	0.400 0	−4.83%		
0.381 033	0.400 0	−4.74%		
0.379 691	0.400 0	−5.08%		
0.383 897	0.400 0	−4.03%		
0.382 448	0.400 0	−4.39%		
0.380 504	0.400 0	−4.87%		

4．仪器进行 24 h 跨度核查，跨度值为 0.5 mg/L，技术要求为±10%，一周测量值为 0.377 586 mg/L、0.380 697 mg/L、0.381 033 mg/L、0.379 691 mg/L、0.383 897 mg/L、0.382 448 mg/L 和 0.350 504 mg/L，判断此仪器核查是否符合要求。

答案：

<table>
<tr><th colspan="2">测定结果/（mg/L）</th><th rowspan="2">相对误差</th><th rowspan="2">技术要求</th><th rowspan="2">评价</th></tr>
<tr><th>测量值</th><th>跨度核查浓度</th></tr>
<tr><td>0.377 586</td><td>0.400 0</td><td>−5.60%</td><td rowspan="7">±10%</td><td rowspan="6">合格</td></tr>
<tr><td>0.380 697</td><td>0.400 0</td><td>−4.83%</td></tr>
<tr><td>0.381 033</td><td>0.400 0</td><td>−4.74%</td></tr>
<tr><td>0.379 691</td><td>0.400 0</td><td>−5.08%</td></tr>
<tr><td>0.383 897</td><td>0.400 0</td><td>−4.03%</td></tr>
<tr><td>0.382 448</td><td>0.400 0</td><td>−4.39%</td></tr>
<tr><td>0.350 504</td><td>0.400 0</td><td>−12.37%</td><td>不合格</td></tr>
</table>

七、综合分析题

1．对在现场运行的总磷自动分析仪进行零点核查，现场水质为Ⅲ类水，零点标液浓度为 0 mg/L，一周零点测量结果为 0.017 085 3 mg/L、0.013 020 5 mg/L、0.012 161 5 mg/L、0.011 678 2 mg/L、0.011 303 6 mg/L、0.011 331 4 mg/L 和 0.015 170 9 mg/L，24 h 零点核查要求为±0.02 mg/L，24 h 零点漂移要求为±5%，判断此仪器以上检查是否符合要求。

答案：

<table>
<tr><th colspan="5">24 h 零点核查/（mg/L）</th><th colspan="5">24 h 零点漂移</th></tr>
<tr><th colspan="2">测定结果</th><th rowspan="2">绝对误差</th><th rowspan="2">技术要求</th><th rowspan="2">评价</th><th colspan="2">测定结果/（mg/L）</th><th rowspan="2">零点漂移</th><th rowspan="2">技术要求</th><th rowspan="2">评价</th></tr>
<tr><th>测量值</th><th>零点核查</th><th>当日</th><th>前一日</th></tr>
<tr><td>0.017 085 3</td><td>0.000 0</td><td>0.017 085 3</td><td rowspan="7">±0.02</td><td rowspan="7">合格</td><td>0.017 085 3</td><td></td><td></td><td rowspan="7">±10%</td><td rowspan="7">合格</td></tr>
<tr><td>0.013 020 5</td><td>0.000 0</td><td>0.013 020 5</td><td>0.013 020 5</td><td>0.017 085 3</td><td>−0.81%</td></tr>
<tr><td>0.012 161 5</td><td>0.000 0</td><td>0.012 161 5</td><td>0.012 161 5</td><td>0.013 020 5</td><td>−0.17%</td></tr>
<tr><td>0.011 678 2</td><td>0.000 0</td><td>0.011 678 2</td><td>0.011 678 2</td><td>0.012 161 5</td><td>−0.10%</td></tr>
<tr><td>0.011 303 6</td><td>0.000 0</td><td>0.011 303 6</td><td>0.011 303 6</td><td>0.011 678 2</td><td>−0.07%</td></tr>
<tr><td>0.011 331 4</td><td>0.000 0</td><td>0.011 331 4</td><td>0.011 331 4</td><td>0.011 303 6</td><td>0.01%</td></tr>
<tr><td>0.015 170 9</td><td>0.000 0</td><td>0.015 170 9</td><td>0.015 170 9</td><td>0.011 331 4</td><td>0.77%</td></tr>
</table>

2．对在现场运行的总磷自动分析仪进行跨度核查，现场水质为Ⅲ类水，零点标液浓度为 0 mg/L，一周测量值为 0.377 586 mg/L、0.380 697 mg/L、0.381 033 mg/L、0.379 691 mg/L、0.383 897 mg/L、0.382 448 mg/L 和 0.380 504 mg/L，24 h 跨度核查要求为±10%，24 h 跨度漂移要求为±10%，判断此仪器以上检查是否符合要求。

答案：

<table>
<tr><th colspan="2">测定结果/（mg/L）</th><th rowspan="2">相对误差</th><th rowspan="2">技术要求</th><th rowspan="2">评价</th><th colspan="2">测定结果/（mg/L）</th><th rowspan="2">跨度漂移</th><th rowspan="2">技术要求</th><th rowspan="2">评价</th></tr>
<tr><th>测量值</th><th>跨度核查浓度</th><th>当日</th><th>前一日</th></tr>
<tr><td>0.377 586</td><td>0.400 0</td><td>−5.60%</td><td rowspan="7">±10%</td><td rowspan="7">合格</td><td>0.377 586</td><td></td><td></td><td rowspan="7">±10%</td><td rowspan="7">合格</td></tr>
<tr><td>0.380 697</td><td>0.400 0</td><td>−4.83%</td><td>0.380 697</td><td>0.377 586</td><td>0.62%</td></tr>
<tr><td>0.381 033</td><td>0.400 0</td><td>−4.74%</td><td>0.381 033</td><td>0.380 697</td><td>0.07%</td></tr>
<tr><td>0.379 691</td><td>0.400 0</td><td>−5.08%</td><td>0.379 691</td><td>0.381 033</td><td>−0.27%</td></tr>
<tr><td>0.383 897</td><td>0.400 0</td><td>−4.03%</td><td>0.383 897</td><td>0.379 691</td><td>0.84%</td></tr>
<tr><td>0.382 448</td><td>0.400 0</td><td>−4.39%</td><td>0.382 448</td><td>0.383 897</td><td>−0.29%</td></tr>
<tr><td>0.380 504</td><td>0.400 0</td><td>−4.87%</td><td>0.380 504</td><td>0.382 448</td><td>−0.39%</td></tr>
</table>

第七章　总氮分析仪运行维护

一、填空题

1．总氮的测定通常采用____________氧化，使有机氮和无机氮化合物转变为硝酸盐后，再以紫外法、偶氮比色法以及离子色谱法和气相分子吸收法进行测定。

答案：过硫酸钾

2．总氮的测定通常采用过硫酸钾氧化，使有机氮和无机氮化合物转变为__________后，再以紫外法、偶氮比色法以及离子色谱法和气相分子吸收法进行测定。

答案：硝酸盐

3．总氮的光源可以采用___________。

答案：氘灯/氙灯

4．总氮水样采集后，用硫酸酸化到 pH 小于________。

答案：2

5．总氮水样采集后，用硫酸酸化到 pH 小于 2。酸化后的水样测定，需要先用_______调成中性。

答案：氢氧化钠溶液

6．总氮水样采集后，用________酸化到 pH 小于 2。酸化后的水样测定，需要先用氢氧化钠溶液调成中性。

答案：硫酸

7．总氮是水体中___________、___________、___________等无机氮和有机氮的总和。

答案：氨氮　硝酸盐氮　亚硝酸盐氮

8．总氮是水体中氨氮、硝酸盐氮、亚硝酸盐氮等__________和__________的总和。

答案：无机氮　有机氮

9. 仪表告警缺试剂，可能的原因有_________________、_____________________________。

答案：相应的试剂缺少/阀组件　样品管路被堵塞或破损/计量模块失效管路气密性有故障/蠕动泵损坏

10．总氮的测量浓度单位通常为________。

答案：mg/L

11. 水体中N、P等植物必需的矿物质元素含量过多而使水质恶化的现象称为________。

答案：富营养化

12. 富营养化发生在池塘和湖泊中叫作________。

答案：水华

13. 富营养化发生在海水中叫作________。

答案：赤潮

14. 我国《地表水环境质量标准》（GB 3838—2002）规定的总氮Ⅰ类水标准限值为________mg/L。

答案：0.2

15. 我国《地表水环境质量标准》（GB 3838—2002）规定的总氮Ⅱ类水标准限值为________mg/L。

答案：0.5

16. 我国《地表水环境质量标准》（GB 3838—2002）规定的总氮Ⅲ类水标准限值为________mg/L。

答案：1

17. 我国《地表水环境质量标准》（GB 3838—2002）规定的总氮Ⅳ类水标准限值为________mg/L。

答案：1.5

18. 我国《地表水环境质量标准》（GB 3838—2002）规定的总氮Ⅴ类水标准限值为________mg/L。

答案：2

19.《地表水环境质量标准》（GB 3838—2002）规定了地表水中________个类型分类及其总氮限值。

答案：5

20.《水质　总氮的测定　碱性过硫酸钾消解紫外分光光度法》可以测定________、地下水、工业废水和生活污水。

答案：地表水

21. 在________下，碱性过硫酸钾溶液使样品中含氮化合物的氮转化为硝酸盐。

答案：120～124℃

二、单选题

1. 总氮是水体中氨氮、硝酸盐氮、亚硝酸盐氮等无机氮和________的总和。（　　）

A．有机氮 B．氮气 C．氨基酸 D．一氧化氮

答案：A

2．关于湖泊、水库中含有超标的氮类物质时，说法错误的是________。（ ）

A．浮游植物繁殖茂盛，出现富营养化

B．促使生物和微生物类加快繁殖，造成水中溶解氧升高，水质迅速恶化

C．某些含氮化合物对人和其他生物有毒害作用

D．总氮是衡量水体受污染程度及富营养化程度的重要指标之一

答案：B

3．总氮的测定通常采用过硫酸钾氧化，使有机氮和无机氮化合物转变为________后，再以紫外法、偶氮比色法以及离子色谱法和气相分子吸收法进行测定。（ ）

A．硝酸盐 B．亚硝酸盐 C．无机盐 D．氨氮

答案：A

4．总氮的光源可以采用________。（ ）

A．空心阴极灯 B．钨灯 C．氘灯 D．能斯特灯

答案：C

5．国家标准分析方法《水质 总氮的测定 碱性过硫酸钾消解紫外分光光度法》（HJ 636—2012）中使用的氧化剂是________。（ ）

A．硫酸钾 B．过硫酸钾 C．碱 D．盐酸

答案：B

6．紫外-可见分光光度法的适合检测波长范围是________。（ ）。

A．400～760 nm B．200～400 nm C．200～760 nm D．200～1 000 nm

答案：C

7．总氮水样采集后，用硫酸酸化到 pH 小于________。（ ）

A．5 B．4 C．3 D．2

答案：D

8．紫外光度分析中所用的比色杯是用________材料制成的。（ ）

A．玻璃 B．盐片 C．石英 D．有机玻璃

答案：C

9．某有色溶液在某一波长下用 2 cm 吸收池测得其吸光度为 0.750，若改用 0.5 cm 和 3 cm 吸收池，则吸光度各为________。（ ）

A．0.188/1.125 B．0.108/1.105 C．0.088/1.025 D．0.180/1.120

答案：A

10．在分光光度法中，应用光的吸收定律进行定量分析，应采用的入射光为________。

（　　）

A．白光　　B．单色光　　C．可见光　　D．复合光

答案：B

11．入射光波长选择的原则是________。（　　）

A．吸收最大　　B．干扰最小

C．吸收最大干扰最小　　D．吸光系数最大

答案：C

12．总氮采用双波长测定的原因是________。（　　）

A．消除溶解性有机物干扰　　B．温度补偿

C．消除氯化物干扰　　D．消除金属离子干扰

答案：A

13．下列因素中，影响摩尔吸光系数（ε）大小的是________。（　　）

A．有色配合物的浓度　　B．入射光强度

C．比色皿厚度　　D．入射光波长

答案：D

14．在吸光度测量中，参比溶液的________。（　　）

A．吸光度为 0.434　　B．吸光度为无穷大

C．透光度为 100%　　D．透光度为 0%

答案：C

15．许多化合物的吸收曲线表明，它们的最大吸收常常位于 200～400 nm，对这一光谱区应选用的光源为________。（　　）

A．氘灯或氢灯　　B．能斯特灯　　C．钨灯　　D．空心阴极灯灯

答案：A

16．我国《地表水环境质量标准》（GB 3838—2002）规定的总氮Ⅰ类水标准限值为________mg/L。（　　）

A．0.1　　B．0.2　　C．1.5　　D．2.0

答案：B

17．________规定了地表水、工业污水和市政污水总氮水质自动分析仪的技术性能要求和性能试验方法，适用于该类仪器的研制生产和性能检验。（　　）

A．《地表水环境质量标准》（GB 3838—2002）

B．《总氮水质自动分析仪技术要求》（HJ/T 102—2003）

C．《水质　总氮的测定　碱性过硫酸钾消解紫外分光光度法》（HJ 636—2012）

D．《水质　总氮的测定　流动注射-盐酸萘乙二胺分光光度法》（HJ 668—2013）

答案：B

18．________规定了地表水中 5 个水质类别的分类及其总氮限值。（　　）

A.《地表水环境质量标准》（GB 3838—2002）

B.《总氮水质自动分析仪技术要求》（HJ/T 102—2003）

C.《水质　总氮的测定　碱性过硫酸钾消解紫外分光光度法》（HJ 636—2012）

D.《水质　总氮的测定　流动注射-盐酸萘乙二胺分光光度法》（HJ 668—2013）

答案：A

19．目前，市场上总氮在线分析仪的测量原理通常基于________。（　　）

A.《地表水环境质量标准》（GB 3838—2002）

B.《总氮水质自动分析仪技术要求》（HJ/T 102—2003）

C.《水质　总氮的测定　碱性过硫酸钾消解紫外分光光度法》（HJ 636—2012）

D.《水质　总氮的测定　流动注射-盐酸萘乙二胺分光光度法》（HJ 668—2013）

答案：C

20．根据《水质　总氮的测定　碱性过硫酸钾消解紫外分光光度法》，用 220 nm 下吸光度减去 275 nm 吸光度的（B）倍，以得到校正吸光度________。（　　）

A．1　　B．2　　C．3　　D．4

答案：A

三、多选题

1．总氮在线分析仪的主要结构组成有________。（　　）

A．试剂贮存单元　　B．进样/计量单元　　C．消解单元

D．分析检测单元　　E．控制单元

答案：ABCDE

2．关于湖泊、水库中含有超标的氮类物质时，说法正确的是________。（　　）

A．浮游植物繁殖茂盛，出现富营养化

B．促使生物和微生物类的加快繁殖，造成水中溶解氧升高，水质迅速恶化

C．某些含氮化合物对人和其他生物有毒害作用

D．总氮是衡量水体受污染程度及富营养化程度的重要指标之一

E．总氮的测量值可以比氨氮低

答案：ACD

3．国家标准分析方法《水质　总氮的测定　碱性过硫酸钾消解紫外分光光度法》（HJ 636 —2012）中使用的试剂，不是氧化剂的是________。（　　）

A．硫酸钾　　B．过硫酸钾　　C．碱

D．盐酸 E．蒸馏水

答案：ACDE

4．紫外光度分析中所用的比色杯不可以使用________材料制成。（ ）

A．玻璃 B．盐片 C．石英

D．有机玻璃 E．陶瓷

答案：ABDE

5．以下属于总氮测量原理的标准是________。（ ）

A．《地表水环境质量标准》（GB 3838—2002）

B．《总氮水质自动分析仪技术要求》（HJ/T 102—2003）

C．《水质 总氮的测定 碱性过硫酸钾消解紫外分光光度法》（HJ 636—2012）

D．《水质 总氮的测定 流动注射-盐酸萘乙二胺分光光度法》（HJ 668—2013）

答案：CD

6．总氮是水体中________等无机氮和有机氮的总和。（ ）

A．氨氮 B．硝酸盐氮 C．亚硝酸盐氮 D．一氧化氮

答案：ABC

7．仪表告警缺试剂，可能的原因有________。（ ）

A．相应的试剂缺少

B．阀组件或样品管路被堵塞或破损

C．蠕动泵损坏

D．管路气密性有故障

答案：ABCD

8．总氮的测量浓度单位通常为________。（ ）

A．ng/L B．mg/L C．ppm D．g/L

答案：BC

9．水体中________等植物必需的矿质元素含量过多而使水质恶化的现象称为富营养化。（ ）

A．氮 B．磷 C．锌 D．镍

答案：AB

10．国家标准分析方法《水质 总氮的测定 碱性过硫酸钾消解紫外分光光度法》（HJ 636 —2012）中测量的波长为________。（ ）

A．210 nm B．220 nm C．270 nm D．275 nm

答案：BD

11．国家标准分析方法《水质 总氮的测定 碱性过硫酸钾消解紫外分光光度法》

（HJ 636—2012）中使用的试剂为________。（　　）

A．盐酸　　B．氢氧化钠　　C．硫酸　　D．过硫酸钾

答案：ABD

12．总氮在线分析仪常用的消解方式有________。（　　）

A．酸消解　　B．紫外消解　　C．高温消解　　D．微波消解

答案：BC

13．抽取试剂和水样的动力装置为________。（　　）

A．消解单元　　B．蠕动泵　　C．多通阀　　D．注射泵

答案：BD

14．仪表漏液可能的原因有________。（　　）

A．管路接头松动　　B．管路破损

C．密封圈破损　　D．反应池破损

答案：ABCD

15．加热异常可能的原因有________。（　　）

A．管路接头松动　　B．管路破损

C．反应池热电偶故障　　D．反应池加热丝故障

答案：CD

16．仪表缺水样故障可能的原因有________。（　　）

A．不能从外部系统获取水样

B．阀组件或样品管路被堵塞或破损

C．管路气密性有故障

D．蠕动泵损坏

答案：ABCD

四、判断题

1．《水质　总氮的测定　碱性过硫酸钾消解紫外分光光度法》（HJ 636—2012）中，消解温度为150℃。（　　）

答案：×

2．《水质　总氮的测定　碱性过硫酸钾消解紫外分光光度法》（HJ 636—2012）中，检测时分别于波长220 nm和225 nm处测定吸光度。（　　）

答案：×

3．符合朗伯-比耳定律的某有色溶液的浓度越低，其透光率越小。（　　）

答案：×

4. 符合比耳定律的有色溶液稀释时，其最大吸收峰的波长位置不移动，但吸收峰降低。（ ）

答案：√

5. 总氮和总磷都是采用碱性过硫酸钾消解。（ ）

答案：×

6. 实验室手工法，玻璃器皿可用10%盐酸浸洗，用蒸馏水冲洗后，再用无氨水冲洗。（ ）

答案：√

7. 在碱性过硫酸钾溶液的配制中，温度过高会导致过硫酸钾分解失效。（ ）

答案：√

8. 进行吸光光度法测定时，必须选择最大吸收波长的光作为入射光。（ ）

答案：×

9. 朗伯-比耳定律只适用于单色光，入射光的波长范围越狭窄，吸光光度测定的准确度越高。（ ）

答案：√

10. 实验室测定总氮时，氨气不会对测定产生影响。（ ）

答案：×

11. 总氮水样采集后，用硫酸酸化到pH小于2。（ ）

答案：√

12. 酸化后的水样测定，不需要先用氢氧化钠溶液调成中性。（ ）

答案：×

13. 总氮是水体中氨氮、硝酸盐氮、亚硝酸盐氮等无机氮和有机氮的总和。（ ）

答案：√

14. 仪表告警缺试剂，可能的原因有相应的试剂缺少、阀组件或样品管路被堵塞或破损等。（ ）

答案：√

15. 总氮的测量浓度单位通常为ng/L。（ ）

答案：×

16. 水体中N、P等植物必需的矿物质元素含量过多而使水质恶化的现象称为富营养化。（ ）

答案：√

17. 富营养化发生在池塘和湖泊中叫作水华。（ ）

答案：√

18. 富营养化发生在海水中叫作赤潮。（ ）

答案：√

19. 我国《地表水环境质量标准》(GB 3838—2002)规定的总氮Ⅰ类水标准限值为 0.1 mg/L。（　　）

答案：×

20. 我国《地表水环境质量标准》(GB 3838—2002)规定的总氮Ⅱ类水标准限值为 0.5 mg/L。（　　）

答案：√

21. 总氮加标回收率的允许范围为 70%～120%。（　　）

答案：×

五、简答题

1. 试描述《水质　总氮的测定　碱性过硫酸钾消解紫外分光光度法》（HJ 636—2012）的测量原理。

答案：在 120～124℃下，碱性过硫酸钾溶液使样品中含氮化合物的氮转化为硝酸盐，采用紫外分光光度法于波长 220 nm 和 275 nm 处，分别测试吸光度 A_{220} 和 A_{275}，按下述公式计算校正吸光度 A，总氮（以 N 计）含量与校正吸光度 A 成正比。

$$A=A_{220}-2\times A_{275}$$

硝酸盐在 220 nm 处有最大吸收，水样中的有机物也在 220 nm 波长有吸收，需要将有机物干扰除去。由于硝酸盐在 275 nm 下几乎没有吸收，但有机物在 275 nm 处还是有吸收，所以用 220 nm 吸光度减去 275 nm 吸光度的 2 倍，以得到校正吸光度 A。

2. 简述总氮在线分析仪的主要结构组成。

答案：试剂贮存单元、进样/计量单元、消解单元、分析检测单元、控制单元。

3. 简述仪表漏液的原因。

答案：（1）管路接头松动；

（2）管路破损；

（3）反应池端头的 O 型圈破损。

4. 简述仪表缺试剂的原因。

答案：（1）相应的试剂缺少；

（2）阀组件或样品管路被堵塞或破损；

（3）计量模块失效；

（4）管路气密性有故障；

（5）蠕动泵损坏。

5. 简述仪表缺水样的原因。

答案：（1）不能从外部系统获取水样；

（2）阀组件或样品管路被堵塞或破损；

（3）管路气密性有故障；

（4）蠕动泵损坏。

6．简述仪表加热异常的原因。

答案：（1）反应池热电偶有故障；

（2）反应池加热丝有故障。

7．简述仪表计量异常的原因。

答案：（1）计量管被污染；

（2）计量模块故障。

8．简述《水质 总氮的测定 碱性过硫酸钾消解紫外分光光度法》测定过程中，加入氢氧化钠和盐酸的作用。

答案：（1）氢氧化钠的作用：加入氢氧化钠用以中和过硫酸钾分解产生的氢离子，使过硫酸钾分解完全。

（2）盐酸的作用：主要是中和比色液中过量的氢氧化钠，以及消除 HCO_3^-、CO_3^{2-} 在紫外区也有吸收。当 pH 小于 4.3 时，HCO_3^-、CO_3^{2-}全部转化为 CO_2。

9．简述朗伯比尔定律的概念。

答案：当一束强度为 I_0 的平行单色光垂直照射到厚度为 b 的液层、浓度为 c 的溶液时，由于溶液中分子对光的吸收，通过溶液后光的强度减弱为 I_t，则 $A=\lg\frac{I_0}{I_t}=Kbc$，该公式为朗伯-比尔定律的数学表达式。式中，A 为吸光度，K 为比例常数。A 越大，表明溶液对光的吸收越强。

10．简述总氮在线分析仪的测量过程。

序号	时序	具体动作
1	润洗	水样润洗计量管
2	进水样	进水样（中高量程需要对水样进行稀释）
3	进试剂 A	吹气搅拌
4	进试剂 B	吹气搅拌
5	高温消解	加热至 120℃，然后维持 10 min，冷却至室温
6	进试剂 C	进试剂后，吹气搅拌
7	检测	测量
8	排空	排空反应管内液体
9	清理	进零标清洗 2 次

六、计算题

1．已知总氮在线分析仪在 220 nm 波长和 275 nm 波长处的吸光度，请计算出校正吸光度，并写出计算过程。

标液	220 吸光度	275 吸光度	校正吸光度
标液 1	0.120	0.005	
标液 2	0.264	0.007	

答案：根据公式 $A=A_{220}-2\times A_{275}$，

标液 1 的校正吸光度为：0.120−2×0.005=0.110；

标液 2 的校正吸光度为：0.264−2×0.007=0.250。

2．已知总氮在线分析仪测定的校正吸光度，请计算出斜率和截距。

标液	*Y* 轴-标液浓度	*X* 轴-校正吸光度
标液 1	0.8	0.6
标液 2	2	1.2

答案：$y=2x-0.4$。

3．已知总氮在线分析仪在 220 nm 波长和 275 nm 波长处的吸光度，请计算出校正吸光度，并写出计算过程。

标液	220 吸光度	275 吸光度	校正吸光度
标液 1	0.240	0.005	
标液 2	0.354	0.007	

答案：根据公式 $A=A_{220}-2\times A_{275}$，

标液 1 的校正吸光度为：0.240−2×0.005=0.230；

标液 2 的校正吸光度为：0.354−2×0.007=0.340。

4．已知总氮在线分析仪在 220 nm 波长和 275 nm 波长处的吸光度，请计算出校正吸光度，并写出计算过程。

标液	220 吸光度	275 吸光度	校正吸光度
标液 1	0.470	0.005	
标液 2	0.684	0.007	

答案：根据公式 $A=A_{220}-2\times A_{275}$，

标液 1 的校正吸光度为：0.470−2×0.005=0.460；

标液 2 的校正吸光度为：0.684−2×0.007=0.670。

5．已知总氮在线分析仪测定的校正吸光度，请计算出斜率和截距。

标液	*Y* 轴-标液浓度	*X* 轴-校正吸光度
标液 1	1.6	1.2
标液 2	4	2.4

答案：$y=2x-0.8$。

七、综合题

1．总氮在线分析仪的常见故障有哪些？如何解决？（请至少列出 5 条）

<table>
<tr><th>序号</th><th>故障</th><th>可能原因</th><th>采取措施</th></tr>
<tr><td>1</td><td>分析仪通电无显示</td><td>（1）交流电源线未插牢或插座损坏；
（2）显示屏电源未接或显示屏故障</td><td>（1）重新连接交流电源线；
（2）重新连接显示屏电源线；或更换显示屏配件</td></tr>
<tr><td>2</td><td>PLC no response</td><td>连接主控板和显示屏的串口线故障</td><td>（1）检查串口线连接是否正常；
（2）更换串口线</td></tr>
<tr><td>3</td><td>缺水样</td><td>（1）不能从外部系统获取水样；
（2）阀或样品管路被堵塞；
（3）气密性有故障；
（4）蠕动泵损坏</td><td>（1）检查外部采水系统；
（2）更换或清洗堵塞部件和管路；
（3）拧紧接头；
（4）更换损坏部件</td></tr>
<tr><td>4</td><td>缺零标</td><td rowspan="3">（1）相应的试剂缺少；
（2）阀组件或样品管路被堵塞或破损；
（3）计量模块失效；
（4）管路气密性有故障；
（5）蠕动泵损坏</td><td rowspan="3">（1）添加全套试剂；
（2）更换或清洗堵塞部件和管路；
（3）更换计量模块；
（4）拧紧接头；
（5）更换损坏部件</td></tr>
<tr><td>5</td><td>缺量标</td></tr>
<tr><td>6</td><td>缺试剂（各种因子试剂数量不同）</td></tr>
<tr><td>7</td><td>加热超时</td><td>（1）反应池热电偶有故障；
（2）反应池加热丝有故障</td><td>（1）更换热电偶；
（2）更换反应池模块</td></tr>
<tr><td>8</td><td>冷却超时</td><td>风扇卡死或损坏，或反应池热电偶有故障</td><td>检查、更换风扇或热电偶</td></tr>
<tr><td>9</td><td>计量异常</td><td>（1）计量管被污染；
（2）计量模块故障</td><td>（1）清洗计量管；
（2）更换计量模块</td></tr>
<tr><td>10</td><td>测量异常</td><td>（1）发射光源无光；
（2）光纤透光性能差</td><td>（1）维修或更换信号板；
（2）更换光纤</td></tr>
<tr><td>11</td><td>标样核查异常</td><td>（1）试剂被污染；
（2）分析仪故障</td><td>（1）更换试剂；
（2）排查分析仪故障</td></tr>
<tr><td>12</td><td>排空异常</td><td>（1）阀组件或样品管路被堵塞或破损；
（2）管路气密性有故障；
（3）蠕动泵或者计量模块损坏</td><td>（1）更换或清洗堵塞部件和管路；
（2）拧紧接头；
（3）更换损坏部件</td></tr>
</table>

序号	故障	可能原因	采取措施
13	通信异常	（1）通信连接线没插好或有故障； （2）主控制板通信模块有故障	（1）检查通信连接线； （2）维修或更换主控制板
14	参数读取异常	配置失败	恢复出厂设置，并重新配置参数，必要情况下联系公司技术支持
15	标定异常	（1）试剂被污染； （2）标定参数设置错误	（1）更换试剂； （2）检查标定参数设置

2．总氮在线分析仪测量水样时数值波动较大，如何定位问题？

答案：水样测量波动较大，问题可能由仪表本身不稳定引起，也可能由于水样浊度较高造成。

（1）首先检查仪表有无告警。如果没有告警记录，需要逐步定位问题。

（2）如果水样含有较多泥沙颗粒、絮状漂浮物、色度大等，将引起测量数据波动。可以加强水样的前处理。

（3）将测量水样改为测量标液，连续测试数次，观察测量标样是否稳定。如果测量标样也不稳定，请检查管路接头是否有松动、有无漏液、仪表测试流程是否正常（计量模块是否正常、阀组切换是否正常、消解时间和温度是否正确、排空后反应池有无残留等）。

（4）同时观察参比信号值是否稳定，数值信号是否在仪表的正常范围内。如果信号超出正常范围，可能需要调节信号值甚至更换电路板。检查检测装置、光纤、信号板位置有无松动或损坏。

（5）待仪表测试标液稳定且准确后，继续测试水样，验证水样前处理增强后的效果。

第八章　叶绿素 a、蓝绿藻分析仪运行维护

一、填空题

1．蓝绿藻传感器的校准频次为________。

答案：半年/次

2．叶绿素传感器的校准频次为________。

答案：半年/次

3．在生态学中，特别是生态环境质量评价中，浮游植物的量是一个重要指标，而浮游植物的衡量指标一般是通过检测__________和蓝绿藻密度来实现的。

答案：叶绿素

4．在生态学中，特别是生态环境质量评价中，浮游植物的量是一个重要指标，而浮游植物的衡量指标一般是通过检测叶绿素和______________来实现的。

答案：蓝绿藻密度

5．通过检测__________，可以获得水体初级生产力的情况。

答案：叶绿素

6．在水质环境监测中所说的叶绿素一般指的是____________。

答案：叶绿素 a

7．蓝绿藻密度分析主要是分析藻类中的_____________。

答案：藻蓝蛋白

8．藻蓝蛋白在指定波长的照射下，会发出________，通过与实验室分析，可以换算出蓝绿藻密度。

答案：荧光

9．《水质　叶绿素 a 的测定　分光光度法》（HJ 897—2017）适用于________水的测量。

答案：地表。

10．采用特定波长的高亮度 LED 激发水样中植物细胞内的叶绿素 a 和蓝绿藻密度，叶绿素 a 和蓝绿藻密度会发出________。

答案：荧光

11．蓝绿藻的分析方法主要包括________________和________________。

答案：人工计数法　荧光分析法

12．在线式叶绿素 a 分析仪由_____________、_____________组成。

答案：控制器　叶绿素 a 传感器

二、单选题

1．清洗传感器窗口，不能使用________。（　　）

A．潮湿的镜头纸　　B．柔软的布　　C．去离子水　　D．酒精

答案：D

2．叶绿素 a 可溶解于________溶液中。（　　）

A．水　　B．丙酮　　C．油

答案：B

3．在线快速检测叶绿素 a 和蓝绿藻的方法是________。（　　）

A．分光光度法　　B．遥感法　　C．荧光法　　D．透射光谱法

答案：C

三、多选题

1．对于叶绿素、蓝绿藻在线分析仪的维护，应注意的事项有________。（　　）

A．安装在室外的控制器请检查变送器安装箱体，是否有漏水等现象

B．检查控制器的工作环境，如果温度超出控制器的工作稳定范围，请采取相应措施，否则控制器可能损坏或降低使用寿命

C．控制器的外壳是塑料外壳，不要用坚硬物体刮擦，请使用软布和柔和的清洁剂清洁外壳，注意不要让湿气进入控制器内部

D．检查控制器显示数据是否正常

E．检查控制器接线端子上的接线是否牢固，注意在拆卸接线盖前将 220 V 交流电源断开

答案：ABCDE

2．叶绿素 a 和蓝绿藻密度传感器维护的内容有________。（　　）

A．传感器清洗　　B．传感器校准　　C．更换清洁刷条　　D．更换清洁刷座

答案：ABCD

3．叶绿素 a 和蓝绿藻密度传感器界面设置的说明正确的有________。（　　）

A．清扫设置：设置传感器清扫参数

B．校准：传感器校准

C．参数设置：设置传感器参数，包括平均次数、量程等

D．通信设置：设置传感器通信波特率、通信地址，一般情况下无须更改

答案：ABCD

4．水样的保存与运输中，造成水质变化的原因是________。（　　）

A．生物原因　　B．化学原因　　C．物理原因

D．天气原因　　E．个人原因

答案：ABC

5．叶绿素 a 常见的测量和分析方法有________。（　　）

A．遥感法　　B．分光光度法　　C．透射光谱法　　D．荧光法

答案：ABCD

6．以下因素会影响叶绿素和蓝绿藻的测量的是________。（　　）

A．环境光　　B．温度　　C．浊度

D．细胞结构和颗粒大小　　E．不同的藻类的种类

答案：ABCDE

7．叶绿素水样的采集与保存有________。（　　）

A．水样 0～4℃保存　　B．水样避光保存

C．样品滤膜应在−20℃避光保存　　D．14 d 内应分析完毕

答案：ABCD

8．在线式叶绿素 a 分析仪由_________组成。（　　）

A．反应杯　　B．控制器　　C．检测池　　D．叶绿素 a 传感器

答案：BD

四、判断题

1．保持传感器测量窗口的清洁对于获得正确的测量数据非常重要，应该定期检查测量窗口是否有污染物或者清洁刷损坏。如果遇到清洁刷无法清洁的污染物时，使用酒精或其他有机溶剂清洗。（　　）。

答案：×

2．叶绿素 a 和蓝绿藻密度传感器的清洁刷不可以拆卸。（　　）

答案：×

3．《水质　叶绿素 a 的测定　分光光度法》（HJ 897—2017）适用于测量地表水。（　　）

答案：√

4．通过检测叶绿素，可以获得水体初级生产力的情况。（　　）

答案：√

5．蓝绿藻密度分析主要是分析藻类中的藻蓝蛋白。（　　）

答案：√

6．采用特定波长的高亮度 LED 激发水样中植物细胞内的叶绿素 a 和蓝绿藻，叶绿素 a 和蓝绿藻会发出荧光。（　　）

答案：√

7．叶绿素 a 传感器和蓝绿藻密度传感器所采用的激发波长是相同的。（　　）

答案：×

8．蓝绿藻传感器的校准频次为半年/次。（　　）

答案：√

9．叶绿素传感器的校准频次为半年/次。（　　）

答案：√

10．在线式叶绿素 a 分析仪由控制器、叶绿素 a 传感器组成。（　　）

答案：√

11．叶绿素 a 传感器的清扫设置，无法自动清洗，只能手动清洗。（　　）

答案：×

12．控制器显示通信故障，可能的原因是波特率不匹配。（　　）

答案：√

13．检查控制器接线端子上的接线是否牢固，注意在拆卸接线盖前将 220 V 交流电源断开。（　　）

答案：√

14．如果温度超出控制器的工作稳定范围，不会损坏或降低控制器的使用寿命。（　　）

答案：×

15．控制器的外壳是塑料外壳，不要用坚硬物体刮擦，请使用软布和柔和的清洁剂清洁外壳，注意不要让湿气进入控制器内部。（　　）

答案：√

16．水样带色或浑浊以及含其他一些干扰物质，会影响氨氮的测定。因此，在分析时需作适当的预处理，对较清洁的水，可采用絮凝沉淀法；对污染严重的水或工业废水，则用蒸馏消除干扰。调节水样 pH 为 6.0～9.0。（　　）

答案：×

17．叶绿素 a 和蓝绿藻密度水质分析仪质控措施核查方法有多点线性核查和平行样测试。（　　）

答案：×

五、问答及案例分析题

1. 叶绿素 a、蓝绿藻采用什么方法监测？其监测原理是什么？

答案：（1）叶绿素 a、蓝绿藻密度分析仪是专为水中的叶绿素 a 和蓝绿藻密度测量而设计的，该仪器采用荧光法监测水中叶绿素和蓝绿藻。

（2）原理：该分析仪采用特定波长的高亮度 LED 激发水样中植物细胞内的叶绿素 a 和蓝绿藻密度，叶绿素 a 和蓝绿藻密度会发出荧光，传感器中的高灵敏度光电转换器会捕捉微弱的荧光信号从而转化为叶绿素 a 和蓝绿藻密度数值，同时采用数字化、智能化传感器设计理念，能够自动补偿电压波动、器件老化、温度变化对测量值的影响；直接输出标准化数字信号，在无控制器的情况下就可以实现组网和系统集成。

2. 叶绿素在线分析仪常见故障有哪些？如何处理？

答案：

故障现象	故障原因	处理方法
开机无显示	电源断开；显示屏损坏	检查 220 V AC 电源；重启
通信异常、控制器显示通信故障	线缆连接问题、波特率不匹配	检查线缆连接和通信参数设置，重启

3. 蓝绿藻在线分析仪常见故障有哪些？如何处理？

答案：

故障现象	故障原因	处理方法
开机无显示	电源断开；显示屏损坏	检查 220 V AC 电源；重启
通信异常、控制器显示通信故障	线缆连接问题、波特率不匹配	检查线缆连接和通信参数设置，重启

4. 叶绿素在线监测仪维护内容有哪些？

答案：

频次	维护内容
1 次/30 d	传感器清洗
1 次/半年	传感器校准
1 次/1 年	更换清洁刷条
1 次/3 年	更换清洁刷座

5．蓝绿藻在线监测仪维护内容有哪些？

答案：

频次	维护内容
1 次/30 d	传感器清洗
1 次/半年	传感器校准
1 次/1 年	更换清洁刷条
1 次/3 年	更换清洁刷座

6．简述叶绿素在线监测仪的测试流程。

答案：不通过提取，直接将发射光照射水体，水体中含叶绿素物质体内的叶绿素 a 发射出荧光，通过检测荧光获取叶绿素 a 的浓度。这是目前叶绿素 a 在线分析、快速分析和现场分析普遍采用的方式，所采用的激发光一般为 470 nm，发射光一般选取在大于 680 nm。

7．简述蓝绿藻在线监测仪的测试流程。

答案：不通过提取，直接将发射光照射水体，水体中蓝绿藻体内藻青蛋白和衍生的藻蓝蛋白发射出荧光，通过检测荧光获取蓝绿藻的浓度。这是目前蓝绿藻在线分析、快速分析和现场分析普遍采用的方式，所采用的激发光一般为 590 nm，发射光一般选取在大于 630 nm。

8．叶绿素在线监测仪在维护时的注意事项有哪些？

答案：（1）安装在室外的控制器请检查变送器安装箱体，是否有漏水等现象；

（2）检查控制器的工作环境，如果温度超出控制器的工作稳定范围，请采取相应措施，否则控制器可能损坏或降低使用寿命；

（3）控制器的外壳是塑料外壳，不要用坚硬物体刮擦，请使用软布和柔和的清洁剂清洁外壳，注意不要让湿气进入控制器内部；

（4）检查控制器显示数据是否正常；

（5）检查控制器接线端子上的接线是否牢固，注意在拆卸接线盖前将 220 V 交流电源断开。

9．蓝绿藻在线监测仪在维护时的注意事项有哪些？

答案：（1）安装在室外的控制器请检查变送器安装箱体，是否有漏水等现象；

（2）检查控制器的工作环境，如果温度超出控制器的工作稳定范围，请采取相应措施，否则控制器可能损坏或降低使用寿命；

（3）控制器的外壳是塑料外壳，不要用坚硬物体刮擦，请使用软布和柔和的清洁剂清洁外壳，注意不要让湿气进入控制器内部；

（4）检查控制器显示数据是否正常；

（5）检查控制器接线端子上的接线是否牢固，注意在拆卸接线盖前将 220 V 交流电源断开。

10．简要绘制叶绿素在线监测仪的测量示意图。

答案：

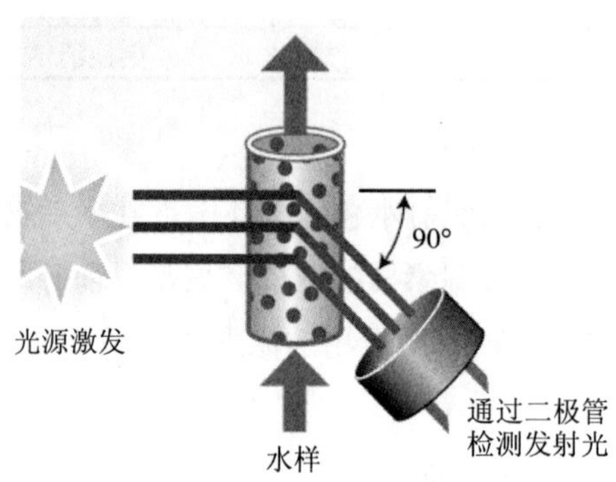

11．水样采集的注意事项有哪些？（请写 5 条以上）

答案：（1）采样时不可搅动水底部的沉积物。

（2）采样时应保证采样点的位置准确。必要时使用定位仪（GPS）定位。

（3）认真填写“水质采样记录表”，用签字笔或硬质铅笔在现场记录，字迹应端正、清晰，项目完整。

（4）保证采样按时、准确、安全。

（5）采样结束前，应核对采样计划、记录与水样，如有错误或者遗漏，应立即补采或重采。

（6）如采样现场水质不均匀，无法采到有代表性样品，则应详细记录不均匀的情况和实际采样情况，供使用该数据者参考，并将此现场情况向环境保护行政主管部门反映。

（7）测定油类的水样，应在水面至水的表面下 300 mm 采集柱状水样，并单独采样，全部用于测定。采样瓶（容器）不能用采集的水样冲洗。

（8）测溶解氧、生化需氧量和有机污染物等项目时的水样，必须注满容器，不留空间，并用水封口。

（9）如果水样中含沉淀性固体（如泥沙等），则应分离除去。分离方法为：将所采水样摇匀后倒入筒形玻璃容器（如 1～2 L 量筒），静置 30 min，将已不含沉降性固体但含有悬浮性固体的水样移入盛样容器并加入保存剂。测定总悬浮物和油类的水样除外。

（10）测定湖库水 COD、高锰酸盐指数、叶绿素 a、总氮、总磷时的水样，静置 30 min 后，用吸管一次或几次移取水样，吸管进水尖嘴应插至水样表层 50 mm 以下位置，再加保存剂保存。

（11）测定油类、BOD_5、DO、硫化物、余氯、粪大肠菌群、悬浮物、放射性等项目要单独采样。

第九章　浮船站运行维护

一、填空题

1. 浮船式水站由________、________、________、________和________等组成。

答案：浮体平台　采水单元　分析单元　控制单元　辅助单元

2. 浮船式水站预处理单元主要是在水下取水的取水管前端安装了________，可以对水样进行过滤预处理。

答案：过滤网筒

3. 浮船式水站采水单元采用取水管路直接从船侧底部取水，根据国家地表水水样采集标准，在水面下______m 深度采水，保证水样代表性。

答案：0.5～1.0

4. 浮船式水站电源供给单元主要是利用________和________互补的方式，可维持连续阴雨天气_______d 以上。

答案：太阳能　风能　10

5. 浮船应配备_______以上的水上救生用品，包括救生衣和救生圈。

答案：3 套

6. __________是浮船式水质自动监测系统的大脑，对分析单元、船体、供电组件、视频单元、安防装置等进行控制，具有三级管理权限。

答案：控制单元

7. 考虑到浮船式水质在线监测系统位于库区，为防止夜间过往船只等的撞击，浮标系统上需安装高亮度的 LED 频闪________。

答案：警示灯

8. 浮船船舱内安装有水浸传感器，当舱底积水达_______深度时即刻向中心发出水浸报警。

答案：1 mm

9. 站址选择原则包括________、________、________、________和________等。

答案：建站可行性　水质代表性　监测长期性　系统安全性　运行经济性

10. 利用牵引船在指定位置下锚，锚链长度应大于________倍最大历史水深，锚链断裂强度应不小于________。

答案：1.5 倍　15 kN

二、单选题

1. 水浸传感器安装在船舱底部，当船舱有________左右积水时便可发出水浸告警信号。（　　）

A．1 mm　B．1 cm　C．1 dm　D．1 m

答案：A

2. 采用牵引船将浮船式水站牵引至监测点位，将牵引船从侧向缓慢向浮船式水站靠拢，两船船头保持同向，牵引速度应控制在________以内。（　　）

A．15 km/h　B．20 km/h　C．30 km/h　D．40 km/h

答案：C

3. 浮柱、防撞装置等船体组件应紧固安装，保证浮船能抵御________以上大风。（　　）

A．7 级　B．8 级　C．9 级　D．10 级

答案：B

4. 河流监测断面一般选择在水质分布均匀、流速稳定的平直河段，距上游入河口或排污口的距离大于________。（　　）

A．0.5 km　B．1.0 km　C．1.5 km　D．2.0 km

答案：B

5. 浮船桅杆上安装有网络摄像机，摄像机通过线缆与路由器连接，再远程传输到平台。视频监控系统可至少存储________个月视频信息。（　　）

A．1　B．3　C．6　D．12

答案：A

三、多选题

1. 浮船船体设计特点________。（　　）

A．轻量化设计　B．抗风浪设计

C．试剂箱水冷设计　D．维护便利性设计

答案：ABCD

2. 浮船式水站控制单元主要功能包括________。（　　）

A．具有断电保护功能　B．具备自动采集数据功能

C．具备参数设置功能　D．具备对通信链路的自动诊断功能

E．具备超时补发功能

答案：ABCDE

3．浮船式自动监测系统具有________等功能，当出现异常时系统自动生成报警日志并报送中心。（　　）

A．舱室漏水报警　　B．非法接近报警

C．温度异常报警　　D．开舱报警　　E．低电量报警

答案：ABCDE

四、判断题

1．采用牵引船将浮船式水站牵引至监测点位，将牵引船从侧向缓慢向浮船式水站靠拢，两船船头保持反向，牵引速度应控制在 40 km/h 以内。（　　）

答案：×

2．浮柱、防撞装置等船体组件应紧固安装，保证浮船能抵御 6 级以上大风。（　　）

答案：×

3．浮船应具有废液处理收集装置，能满足两周以上废液量的收集。（　　）

答案：√

4．每条浮船应配备 1 套水上救生用品，包括救生衣和救生圈。（　　）

答案：×

5．浮船式水站预处理单元主要是在水下取水的的取水管前端安装了两级过滤网筒，可以对水样进行过滤预处理。（　　）

答案：√

6．浮船站数据备份：每季度对监测数据进行一次备份，备份数据单独存储。（　　）

答案：×

五、简答题

1．简述浮船站安装流程。

答案：浮船站安装流程：泊岸位置选择、吊装卸货、船体附件组装、吊装下水、仪器设备调试、联网调试、牵引至监测点位、锚定等。

第十章　水质自动站运行维护

一、填空题

1. 环境生态部对监测数据的基本要求是________、________、________。

答案：真　准　全

2. 常规五参数、叶绿素 a、藻密度按着________为周期进行采样分析，其他监测项目按着________为周期启动系统采样和分析流程。

答案：1 h　4 h

3. 运维单位需按要求配置持证上岗的运维人员、运维车辆和船只。每________个站不少于 1 个运维人员，每________个站不少于一辆运维车辆，每个湖库不少于________艘运维船只。

答案：2　4　1

4. 水站故障超过________h 无法恢复正常，应开展人工补测数据，后续每周人工补测________次直至故障排除。

答案：48　2

5. 集成干预实验指系统开始采水时在采水口处人工采集水样，沉淀________min 后取上清液摇匀待系统测试完毕后，直接经水质自动分析仪测试。

答案：30

6. 多点线性核查指水质自动分析仪器一次测量跨度范围内________个点的标准溶液，根据测试结果进行线性拟合，用以判定数据有效性的措施。

答案：4

7. 长时间停机的仪器，再次运行时，仪器须重新校准，并进行一次自动分析仪器的________检查。

答案：多点线性

8. 当水站出现故障时运维单位在________h（工作时间）内立刻响应，并在________h 内解决所有故障。

答案：8　24

9．当监测项目前一个月________d 以上为Ⅰ～Ⅱ类时，质控措施按照Ⅰ～Ⅱ类水体的质控要求进行；否则质控措施按照Ⅲ～劣Ⅴ类水体的质控要求进行。

答案：20

10．多点线性核查要求相关系数≥______。可选用零点、跨度核查结果参与线性拟合。

答案：98%

11．水站仪器设备维护期间及不满足质控要求的区间均属于___________，其数据均为___________。

答案：失控状态　无效数据

12．更换试剂、更换部件、人工校准时应将工控机调试在___________。

答案：维护状态

13．跨度是指________________________的测量范围。

答案：适用于所处断面水质

14．自动监测站运行维护包括___________、___________、___________等。

答案：远程维护　现场维护　应急维护

15．现场维护包括由现场人员到水站完成___________、___________、___________。

答案：例行巡检　定期养护　现场质控

16．运维公司的管理体系对影响最终结果的不确定因素进行管理和规范，这些不确定因素主要包括：人员、仪器设备、标准物质、实验方法、环境因素等。简称_______、_______、_______、_______、_______。

答案：人　机　料　法　环

17．《中华人民共和国计量法》中规定：为社会提供公证数据的产品质量检验机构，必须经省级以上人民政府计量行政部门对其计量检定、测试能力和可靠性考核合格，这种考核称为___________。

答案：计量认证

18．《中华人民共和国计量法》中规定：经___________合格的产品质量检验机构所提供的数据，用于贸易出证、产品质量评价、成果鉴定作为公证数据，具有法律效力。

答案：计量认证

19．运维公司应建立仪器设备状态标识，区分仪器设备________、________和________3 种状态，通常以“绿”“黄”“红”3 种颜色表示。

答案：合格　准用　停用

20．运维公司应对影响运维质量的重要__________、__________和_________的供货单位和服务提供者进行评价，并保存这些评价的记录和获批准的合格供货单位和服务提供者名单。

答案：消耗品 供应品 服务

21. 运维人员对站房进行例行周巡检时，应该对以下______________、______________、______________、______________、部分进行检查。

答案：采水点 采样设备 采样装置 系统供电

22. 运维维护主要是定期对水站站房及配套设施进行巡检检查，巡检检查频次不得低于________一次，并记录巡检检查情况。

答案：每周

23. 采样设备的周巡检工作包括：①______________，②________________________。

答案：检查水泵工作状态 检查泵体清洁、内部风叶运转

24. 当监测项目的水质类别为Ⅰ～Ⅱ类时，跨度值均采用________________的 2.5 倍；为Ⅲ～劣Ⅴ类时，跨度值为________________的 2.5 倍；当监测项目无水质标准限值时，跨度值为监测项目上一周的水质平均值的 2.5 倍。

答案：Ⅱ类水质标准限值 水质类别标准限值

25. 零点核查溶液由运维人员在现场更换并在平台填写溶液浓度，若选用空白样作为零点核查溶液，要求仪器不能__________。

答案：屏蔽负值

26. 多点线性核查（Multipoint Linear Verification）是指水质自动分析仪依次测试跨度范围内四个点（含________、________、________、________4 个浓度）的标准溶液，根据测试结果进行线性拟合，用以判定数据可靠性的措施。

答案：空白 低 中 高

27. 任何故障导致任何参数超过________h 无法正常测试时，需补测一次人工数据，后续每周人工补测________次（间隔 48 h 以上）直至故障排除。

答案：48 2

28. 水质自动监测站验收时包括系统控制、数据采集与传输、仪器分析等内容，着重考核______________、______________及______________。

答案：仪器运行的稳定性 可靠性 上传数据的准确性

29. 水质自动监测站验收时要求所有监测因子数据有效获取率均达到________。

答案：≥8%

30. 水质自动监测站试运行期间维护及质控测试应主要进行____________、____________、五参数周核查____________、加标回收率自动测定（1 次）、多点线性核查（1 次）等质控测试。

答案：24 h 零点漂移 24 h 跨度漂移 每周 1 次

31. 24 h 量程漂移考核所用标液浓度通常设定为水质自动分析仪测试跨度值_______左右。

答案：80%

32. 24 h 零点漂移考核所用标液浓度通常设定为水质自动分析仪测试跨度值_______左右。

答案：0～10%

33. 多点线性核查要求相关系数≥________。可选用零点、跨度核查结果参与线性拟合。

答案：0.98

二、单选题

1. 跨度是指适用于所处断面水质的测量范围。跨度值应根据监测项目的________进行设置。（　　）

A. 仪器检出限　　B. 仪器量程　　C. 水质类别　　D. 量程 2.5 倍

答案：D

2. 高锰酸盐指数零点核查的要求是绝对误差≤________。（　　）

A. ±0.5 mg/L　　B. ±0.3 mg/L　　C. ±1.0 mg/L　　D. ±0.1 mg/L

答案：C

3. 总磷 24 h 跨度漂移，要求相对误差≤________。（　　）

A. ±1.0%　　B. ±5.0%　　C. ±10.0%　　D. ±2.0%

答案：C

4. 总氮加标回收实验要求加标回收率范围是________。（　　）

A. 80%～120%　　B. 85%～115%　　C. 90%～110%　　D. 75%～125%

答案：A

5. 氨氮 24 h 跨度核查要求相对误差≤________。（　　）

A. ±1.0%　　B. ±5.0%　　C. ±10.0%　　D. ±2.0%

答案：C

6. 多点线性核查要求相关系数≥________。可选用零点、跨度核查结果参与线性拟合。（　　）

A. 0.998　　B. 0.995　　C. 0.95　　D. 0.98

答案：D

7. 长期Ⅰ类、Ⅱ类水质参数至少每________进行一次实际水样比对，自动监测结果与实验室分析结果两者均优于Ⅱ类水即视为合格。（　　）

A. 年　　B. 月　　C. 季度　　D. 半年

答案：D

8. 温度不进行标准溶液考核，实际水样比对温度允许误差范围是________。（　　）

A. ≤±0.5℃　　B. ≤±1℃　　C. ≤±0.1℃　　D. ≤±0.3℃

答案：A

9. pH 标准溶液核查允许误差范围为≤±0.1，实际水样比对允许误差范围是≤________。（　　）

A. ±0.1　　B. ±0.3　　C. ±0.5　　D. ±1.0

答案：C

10. 氨氮零点核查的要求是绝对误差≤________。（　　）

A. ±0.5 mg/L　　B. ±0.3 mg/L　　C. ±0.1 mg/L　　D. ±0.2 mg/L

答案：D

11. 总氮零点核查的要求是绝对误差≤________。（　　）

A. ±0.5 mg/L　　B. ±0.3 mg/L　　C. ±0.1 mg/L　　D. ±0.2 mg/L

答案：B

12. 电导率标准溶液核查应满足相对误差________，实际水样比对相对误差应满足≤±10.0%。（　　）

A. ±1.0%　　B. ±5.0%　　C. ±10.0%　　D. ±2.0%

答案：B

13. 制订有效的运行维护计划和质控考核计划，对水站进行及时有效的运行维护，按要求完成质控考核，尽量减少水站失控状态和无效数据，保障水站每月所有监测项目数据有效率均大于________。（　　）

A. 80%　　B. 85%　　C. 90%　　D. 95%

答案：A

14. 仪器进行加标回收实验测试时当被测水样浓度高于分析仪器的 4 倍检出限时，加标量为水样浓度的________倍。（　　）

A. 1～2　　B. 1.5～3　　C. 0.5～3　　D. 0.5～2

答案：C

15. 氨氮零点核查的要求是绝对误差≤________。（　　）

A. ±0.5 mg/L　　B. ±0.2 mg/L　　C. ±1.0 mg/L　　D. ±0.1 mg/L

答案：B

16. 总氮 24 h 跨度漂移，要求相对误差≤________。（　　）

A. ±1.0%　　B. ±5.0%　　C. ±10.0%　　D. ±2.0%

答案：C

17. 仪器进行多点线性核查时要求每个点（除空白）准确度满足________。（　　）

A. ±10%　　B. ±5%　　C. ±15%　　D. ±20%

答案：A

18．氨氮 24 h 跨度核查要求相对误差≤________。（　　）

A．±1.0%　　B．±5.0%　　C．±10.0%　　D．±2.0%

答案：C

19．多点线性核查要求相关系数≥_______，可选用零点、跨度核查结果参与线性拟合。（　　）

A．0.998　　B．0.995　　C．0.95　　D．0.98

答案：D

三、多选题

1．叶绿素 a、蓝绿藻密度多点线性核查应满足以下要求________。（　　）

A．零点绝对误差应为≤3 倍检出限　　B．其他点相对误差应≤±5%

C．其他点相对误差应≤±10%　　D．线性相关系数应≥0.993

答案：ABD

2．水质自动站实际水样比对要求氨氮、高锰酸盐指数、总磷、总氮应满足以下要求________。（　　）

A．*Cx*＜*B*Ⅳ，相对误差≤±20%

B．*B*Ⅱ＜*Cx*≤*B*Ⅳ，相对误差≤±30%

C．当自动监测结果和实验室分析结果均低于 *B*Ⅱ时，认定比对实验结果合格

D．*B*Ⅱ＜*Cx*≤*B*Ⅳ，相对误差≤±35%

答案：ABC

3．当水体总磷水质类别长期在Ⅰ～Ⅱ类时，每月必须采取的质控措施包括________。（　　）

A．零点核查　　B．跨度核查　　C．多点线性核查

D．24 h 零点漂移　　E．24 h 跨度漂移　　F．实际水样比对

答案：ABCDE

4．每月质控考核工作，不影响数据有效率判别的是________。（　　）

A．多点线性核查　　B．实际水样比对

C．集成干预检查　　D．加标回收率自动测试

答案：CD

5．以下指标统计时修约小数位数正确的是________。（　　）

A．水温，1 位小数　　B．pH，2 位小数

C．氨氮，2 位小数　　D．相关系数，3 位小数

E．相关系数，2 位小数　　F．总磷，3 位小数

答案：ABCDF

6. pH 标准溶液核查允许误差范围为≤______，实际水样比对允许误差范围是≤______。（ ）

A．±0.1　B．±0.3　C．±0.5　D．±1.0

答案：AC

7．氨氮零点核查的要求是绝对误差≤________；总氮零点核查的要求是绝对误差≤_______。（ ）

A．±0.5 mg/L　B．±0.3 mg/L　C．±0.1 mg/L　D．±0.2 mg/L

答案：BD

8．电导率标准溶液核查应满足相对误差_______，实际水样比对相对误差应满足≤________。（ ）

A．±1.0%　B．±5.0%　C．±10.0%　D．±2.0%

答案：BC

9．每周制订下周运维计划，内容包括________。（ ）

A．维护时间　B．维护人员　C．维护内容　D．水站参数配置

答案：ABC

10．每月第一周应编制上月_______，每月最后一周应制定下月_________。（ ）

A．运维报告　B．质控报告　C．运维计划　D．质控计划

答案：AB　D

11．运维人员对站房进行例行周巡检时，应该对以下________部分进行检查。（ ）

A．采水点　B．采样设备　C．采样装置　D．系统供电

E．排水设施　F．水样误差

答案：ABCDE

12．运维人员对站房进行例行月巡检时，应该对以下________部分进行检查。（ ）

A．采样设备　B．采样管线　C．水样误差　D．关键参数检查

答案：

13．_________、溶解氧、高锰酸盐指数和总磷的月数据有效率不低于 90%，其他项目的月数据有效率不低于 80%，整个水站仪器（按水站配置全部仪器统计）月数据有效率不低于 85%。（ ）

A．pH　B．氨氮　C．电导率　D．总氮

答案：AB

四、判断题

1．根据《地表水水质自动监测站运行维护技术规范（试行）要求》，水站每月所以监测项

目数据有效率均应不小于 80%。（　　）

答案：√

2．当监测项目前一个月 15 d 以上为Ⅰ～Ⅱ类时，质控措施按照Ⅰ～Ⅱ类水体的质控要求进行；否则质控措施按照Ⅲ～劣Ⅴ类水体的质控要求进行。（　　）

答案：×

3．每周进行的质控措施，与前一次间隔时间不得小于 4 d；每月开展的质控措施应在每月 15 日之后进行。（　　）

答案：√

4．水质自动分析仪进行零点核查时不允许屏蔽负值。（　　）

答案：√

5．当水质自动分析仪器关键部件更换后，应进行多点线性核查，必要时应开展实际水样比对。（　　）

答案：√

6．当水质自动分析仪长时间停机应进行多点线性核查和实际水样比对。（　　）

答案：√

7．当水站质控结果连续 3 个月全部通过时，运维单位可降低该水站运维频次。（　　）

答案：√

8．当水质监测数据异常或水质下降至水质类别发生变化时应启动一次留样（浮船站除外），留样后应按照应急维护要求执行。（　　）

答案：√

9．试剂更换后，应进行一次自动监测仪器的校准和标液核查。（　　）

答案：√

10．水站仪器设备维护期间及不满足质控要求的区间均属于失控状态，失控状态的数据均为无效数据。（　　）

答案：√

11．标液核查的目的是为了保证测量结果的准确性。（　　）

答案：√

12．总磷 24 h 跨度漂移，要求相对误差≤5%。（　　）

答案：×

13．电导率标准溶液核查应满足相对误差≤5%。（　　）

答案：√

14．氨氮零点核查的要求是绝对误差≤±0.3 mg/L。（　　）

答案：×

15．高锰酸盐指数零点核查的要求是绝对误差≤±0.1 mg/L。（ ）

答案：×

16．运维公司需要采购的耗材有：运维车、标准样品、试剂瓶、实验室用品、备品备件、过滤滤膜等。（ ）

答案：√

17．运维公司需要采购的服务有：第三方实验室、废液处理处置公司、仪器检定校准等。（ ）

答案：√

18．设备在投入使用前，应采用检定或校准等方式，以确认其是否满足采测工作的要求，并标识其状态。（ ）

答案：√

19．运维公司应使用可溯源到 SI 单位或有证标准物质的标准物质，应对标准物质进行期间核查，同时按照程序要求，安全处置、运输、存储和使用标准物质，以防止污染或损坏，确保其完整性。（ ）

答案：√

20．运维公司具有固定的、临时的或可移动的工作场所，工作环境满足运维要求。（ ）

答案：√

21．停站或测试仪器长时间故障超过 48 h 人工补测 1 次，后续每周人工补测 2 次，直至系统恢复正常运行。（ ）

答案：√

22．水站长时间停电或停水（自来水）超过 24 h 人工补测 1 次，后续每周人工补测 2 次，直至水电恢复正常供应。（ ）

答案：×

23．运维过程中，应每周至少检查一次空气压缩机气泵和清水增压泵的工作状况，并对空气过滤器放水。（ ）

答案：×

24．水位不足造成水站无法取样分析超过 24 h 需人工补测 1 次，后续每周人工补测 2 次，直至河流水位恢复正常。（ ）

答案：×

25．当水站出现故障时运维单位在 8 h（工作时间）内立刻响应，并在 24 h 内解决所有故障。（ ）

答案：√

26．运行维护过程中需制定有效的运行维护计划和质控考核计划，对水站进行及时有效的运行维护，按要求完成质控考核，尽量减少水站失控状态和无效数据，保障水站每月所有监测项目数据有效率均大于 80%。（　　）

答案：√

27. 零点核查（zero check）是指采用水质自动分析仪测试跨度值 0～5%的标准溶液的示值误差，判断仪器可靠性的措施。（　　）

答案：×

28. 地表水水质自动监测站湖、库必测项目包括常规五参数（水温、pH、溶解氧、电导率、浊度）、氨氮、高锰酸盐指数、总氮、总磷、叶绿素 a 和藻密度。（　　）

答案：×

29. 运维单位需建立符合规范的实验室用于水站运维期间标液和试剂的配制，并至少满足常规九参数水样比对要求，限期通过 CCEP 实验室认证。（　　）

答案：×

五、问答题

1. 简述多点线性核查未通过对当月数据有效率的影响，以及后续正确处理流程。

答案：当多点线性核查不合格时，应该查找原因，维护仪器，进行一次零点和跨度核查，并与第二天零点和跨度核查结果计算零点和跨度漂移，核查和漂移军合格的情况下，可以再次进行多点线性核查，核查结果合格 7 日（当月不足 7 日可免做）后再进行一次多点线性复查并合格，重做多点线性核查合格后的数据方可视为有效。

2. 简述集成干预检查的操作流程和意义。

答案：水质自动监测系统的采水管路、预处理单元、分析仪器的前处理单元所采用的沉砂、破碎、过滤等措施，都有可能导致进入分析仪器的源水性质发生变化，从而产生一个系统误差，使监测结果发生偏离。而不进行相关的预处理，源水所含杂质有可能导致分析仪器无法正常测量，甚至损坏仪器部件。进行集成干预检查，意在根据现场情况，建立合理的预处理方式和流程，在保证仪器正常测量的情况下，尽量减少系统误差。

3. 请简述站房采排水单元运行维护中的例行维护周巡检的主要要求和内容。

答案：周巡检每次对水站巡检检查时进行以下工作：

维护对象	检查维护内容
采样点	①检查周边环境，清除周边杂物； ②检查采样点断面情况； ③检查采样深度是否具有代表性
采样设备	①检查水泵工作状态； ②检查泵体清洁、内部风叶运转

维护对象	检查维护内容
采样装置	①检查采样设施是否正常，主要检查采样浮船、采样浮筒、采样浮标、采样栈桥、采样装置（悬臂式、浮桥式、拉锁式）工作情况； ②检查采样设施铭牌、警示装置等设施的固定情况和完整情况
系统供电	检查系统控制柜水泵供电线路是否正常、接地线是否可靠
排水设施	①检查站房仪器间地槽排水情况； ②检查站房外排水管路出水情况

4．请简述站水站内仪器设备停机维护的相关要求。

答案：短时间停机（停机时间小于 24 h）：对采样水泵断电处理即可，再次运行时应检查采样单元运行情况。

长时间停机（连续停机时间超过 24 h）：对系统控制柜内部采样水泵供电线路进行断电拆除，并排空配水单元水样。再次运行时应重新连接水泵供电线路，检查采样管路工作情况。

5．请简述站房采排水单元运行维护中的例行维护月巡检的主要要求和内容。

答案：月巡检每次对水站巡检检查时进行以下工作：

维护对象	检查维护内容
采样设备	检查水泵电线路连接情况，检查水泵连接连接情况； 如水站采用单泵运行，则每月通过系统操作更换使用水泵
采样管线	①检查采样点水泵与管线连接处是否异常（管路打折、裸露、保温设施等情况，线路裸露、破损等情况）； ②检查采样点到站房之间采样管路与供电线路周边情况
水样误差	根据断面水质情况，每月对采样点水质与预处理沉砂池水质进行误差值测试。数据记录在附录 C 表 5 地表水水质自动站采样系统误差比对记录表；
水样误差	超出断面所要求的水质误差范围需对采样管路及采样设备进行维护。误差值满足要求后，此次采水部分维护合格
关键参数检查	根据采水技术要求，每月对采水单元的关键参数水压、水量进行测试，测试记录在附录 C 表 6 地表水水质自动站采水单元关键参数测试记录表

6．请简述站房采排水单元遇到故障时，故障维修的主要步骤和内容。

答案：（1）根据采排水单元实际情况，制定常见故障的判断和检修的作业指导书。

（2）对于能够诊断明确，且可通过更换备件解决的问题（如水泵损坏、泵管破裂、管路堵塞、供电线路破损等问题），应及时更换及维修。

（3）水质自动站应备有日常维修所使用的耗材和备件。

（4）对要影响到水站监测数据的故障检修，应做好故障检修工作的汇报及维修计划。

（5）做好故障检修的工作记录，重要的工作内容拍照留档。

7．采样点的周维护内容包括哪些？

答案：（1）检查周边环境，清除周边杂物。

（2）检查采样点断面情况。

（3）检查采样深度是否具有代表性。

8．水泵不能抽水或流量不足时可能的原因及解决办法？

答案：

可能原因	解决办法
供电问题	排除方法检查电源
电机转向反了（380 V 水泵）	排除方法调换相线改正转向
没有引液（自吸泵），	排除方法向泵体灌液
进水口或管路堵塞	排除方法清理使之畅通；
进水口管路漏气（自吸泵）	排除方法检查修理进水管路
吸程过高（自吸泵）	排除方法重新安装
水泵损坏	更换水泵

第十一章　数据审核

一、单项选择题

1．日质控设置中以下不需要设置的是________。（　　）

A．零点标准溶液浓度　B．仪器量程　　C．跨度标准溶液浓度　　D．跨度值

答案：B

2．数据审核分为 4 级审核，以下不是 4 级审核的是________。（　　）

A．运维单位　　　　B．地市监测站　　C．省级监测站　　　D．数据审核专家

答案：B

3．国家水质自动综合监管平台数据审核分为________级。（　　）

A．2　　　　　　　B．3　　　　　　C．4　　　　　　　D．5

答案：B

4．一级审核是由________审核。（　　）

A．运维人员　　　　B．数据审核专员　C．总站人员　　　　D．省站人员

答案：A

5．数据审核功能中，点击每个数据查看详细信息，以下不能查看的项目是________。（　　）

A．省站人员名字　　B．运维人员名字　C．流程日志　　　　D．上下游数据

答案：A

6．系统自动预审中，由________条一样的数据，才会判定恒值不变。（　　）

A．2　　　　　　　B．3　　　　　　C．4　　　　　　　D．5

答案：B

7．数据审核中 QCF 表示________。（　　）

A．恒值不变　　　　B．水质明显变好　C．仪器故障　　D．质控失败

答案：D

8．地方监测站如需要自己区域内的国家站数据，需________。（　　）

A．改造水站现场网络，直传地方监测站

B．向总站申请，通过数据共享接口获取数据

C．通过国家水质自动综合监管平台导出

D．去水站现场工控机拷贝数据

答案：B

9．国家站视频联网采用________传输。（　　）

A．VPN 专网　　B．公网　　C．局域网　　D．有线直连

答案：A

10．绝对误差是________。（　　）

A．测量值—真值　　B．真值—测量值　　C．测量值—平均值　　D．平均值—真值

答案：A

二、判断题

1．周质控设置中需要设置各监测项目的标准液浓度和跨度值。（　　）

答案：×

2．月质控设置中多点线性核查设置时，可以一次性设置 4 个点的标液浓度，然后审核以后，现场再一个点一个点地开始测试。（　　）

答案：×

3．平台的远程控制功能中，能随时对现场仪器进行远程控制发送零点核查的控制命令。（　　）

答案：×

4．当平台的历史数据查询中发现站点有数据缺失时，可以通过远程控制功能发送数据补采的控制命令。（　　）

答案：√

5．一级审核中审核人员不能标识无效数据。（　　）

答案：×

6．水质监测数据带了 D 标记，数据预审判定该数据直接无效。（　　）

答案：√

7．数据共享中的 UserKey 是需要找总站申请的。（　　）

答案：√

8．pH、DO、氨氮、COD_{Mn}和总磷的月数据有效率不低于 85%，其他项目的月数据有效率不低于 80%，整个水站仪器（按水站配置全部仪器统计）月数据有效率不低于 85%。（　　）

答案：×

9．水站常规九参数监测项目包含水温、pH、溶解氧、电导率、浊度、氨氮、高锰酸盐指

数、硝氮、总磷。（ ）

答案：×

10．富营养化发生在池塘和湖泊中叫作“水华”，发生在海水中叫做“赤潮”。（ ）

答案：√

三、简答题

1．监测河流的地表水水质自动监测站必测项目与选测项目分别有哪些？

答案：必测项目有常规五参数（水温、pH、溶解氧、电导率、浊度）、氨氮、高锰酸盐指数、总氮、总磷；选测项目有：挥发酚、挥发性有机物、油类、重金属、粪大肠菌群、流量、流速、流向、水位等。

第十二章　数据评价

一、填空题

1. 国家地表水环境质量监测网断面设置要具有________性和________性，覆盖主要河流和重要湖库。

答案：代表　多功能

2. 国家地表水环境质量监测网中评价、考核、排名断面以改善水环境质量为核心，满足流域____________________和城市____________________等当前环境管理的需求。

答案：水污染防治目标任务考核　水环境质量排名

3. 国家地表水环境质量监测网覆盖我国主要水系的干流、流域面积在________km^2 以上的重要一级、二级支流，重点区域的三级、四级支流，重要的国界河流、省界河流、大型水利设施所在水体等。一般，干流断面间隔距离________km 左右，一级支流设置两个断面，二级及以下支流设置一个断面。

答案：1 000　50

4. 国家地表水环境质量监测网覆盖面积在________km^2（或储水量在________亿 m^3 以上）的重要湖泊，库容在_______亿 m^3 以上的重要水库以及重要跨国界湖库等，重点增加良好湖库点位。一般，每_______km^2 设置一个监测点位，同时空间分布具有代表性。

答案：100　10　10　50～100

5. 国控断面（点位）类型主要包括：____________；____________；____________；国界断面；省界断面；市界断面；县界断面；湖库点位；重要饮用水水源地断面（点位）。

答案：背景断面　对照断面　控制断面

6. 地表水环境质量评价标准执行________________________，按_____________6 个类别进行评价。

答案：《地表水环境质量标准》（GB 3838—2002）　Ⅰ类～劣Ⅴ类

7. 《地表水环境质量标准》（GB 3838—2002）中，pH 为Ⅰ类～Ⅴ类水质的标准限值为___________。

答案：6～9

8.《地表水环境质量标准》（GB 3838—2002）中，溶解氧III类和V类水质的标准限值分别为__________mg/L 和__________mg/L。

答案：5　2

9.《地表水环境质量标准》（GB 3838—2002）中，高锰酸盐指数III类和V类水质的标准限值分别为__________mg/L 和__________mg/L。

答案：6　15

10.《地表水环境质量标准》（GB 3838—2002）中，氨氮III类和V类水质的标准限值分别为__________mg/L 和__________mg/L。

答案：1.0　2.0

11.《地表水环境质量标准》（GB 3838—2002）中，河流断面总磷III类和V类水质的标准限值分别为__________mg/L 和__________mg/L。

答案：0.2　0.4

12.《地表水环境质量标准》（GB 3838—2002）中，湖库点位总磷III类和V类水质的标准限值分别为__________mg/L 和__________mg/L。

答案：0.05　0.2

13.《地表水环境质量标准》（GB 3838—2002）中，溶解氧、高锰酸盐指数和氨氮的III类水质的标准限值分别为__________mg/L、__________mg/L 和__________mg/L。

答案：5　6　1.0

14.《地表水环境质量标准》（GB 3838—2002）中，河流断面和湖库点位总磷的III类水质的标准限值分别为__________mg/L 和__________mg/L。

答案：0.2　0.05

15.《地表水坏境质量标准》（GB 3838—2002）中，氨氮和总氮的 I 类水质的标准限值分别为__________mg/L 和__________mg/L。

答案：0.15　0.2

16. . 河流断面水质类别评价采用____________________，即根据评价时段内该断面参评的指标中类别最高的一项来确定，标准限值相同的按________水质评价。

答案：单因子评价法　最优

17. 河流断面水质类别为III类，则该断面的水质状况为_________，用绿色表征。

答案：良好

18. 河流断面水质类别为IV类，则该断面的水质状况为_________，用黄色表征。

答案：轻度污染

19. 河流断面水质类别为V类，则该断面的水质状况为_________，用橙色表征。

答案：中度污染

20．河流断面水质类别为劣V类，则该断面的水质状况为________，用红色表征。

答案：重度污染

二、单选题

1．国家地表水环境质量监测网覆盖我国主要水系的干流、流域面积在________km^2 以上的重要一级、二级支流，重点区域的三级、四级支流，重要的国界河流、省界河流、大型水利设施所在水体等。一般，干流断面间隔距离________km 左右，一级支流设置两个断面，二级及以下支流设置一个断面。（　　）

A．1 000，100　　B．500，50　　C．1 000，50　　D．500，100

答案：C

2. 国家地表水环境质量监测网覆盖面积在________km^2（或储水量在________亿 m^3 以上）的重要湖泊，库容在________亿 m^3 以上的重要水库以及重要跨国界湖库等，重点增加良好湖库点位。（　　）

A．100，100，100　　B．100，10，10　　C．50，10，10　　D．50，100，100

答案：B

3. 地表水环境质量评价标准执行《地表水环境质量标准》（GB 3838—2002），按________进行评价。（　　）

A．Ⅰ类～劣Ⅴ类 6 个　　B．Ⅰ类～Ⅴ类 5 个

C．Ⅰ类～Ⅳ类 4 个　　D．Ⅱ类～劣Ⅴ类 5 个

答案：A

4．《地表水环境质量标准》（GB 3838—2002）中，pH 为Ⅰ类～Ⅴ类水质的标准限值为________。（　　）

A．6.5～9　　B．6.5～8.5　　C．6～9　　D．6～8.5

答案：C

5．《地表水环境质量标准》（GB 3838—2002）中，溶解氧Ⅲ类和Ⅴ类水质的标准限值分别为________mg/L 和________mg/L。（　　）

A．5，2　　B．4，2　　C．5，1　　D．4，1

答案：A

6．《地表水环境质量标准》（GB 3838—2002）中，高锰酸盐指数Ⅲ类和Ⅴ类水质的标准限值分别为________mg/L 和________mg/L。（　　）

A．6，15　　B．4，2　　C．6，15　　D．6，15

答案：D

7.《地表水环境质量标准》(GB 3838—2002）中，氨氮III类和V类水质的标准限值分别为________mg/L 和________mg/L。(　　)

A. 1.0，2.0　B. 0.5，1.5　C. 0.5，2.0　D. 1.0，1.5

答案：A

8.《地表水环境质量标准》(GB 3838—2002）中，河流断面总磷III类和V类水质的标准限值分别为________mg/L 和________mg/L。(　　)

A. 0.05，0.2　B. 0.2，0.4　C. 0.1，0.2　D. 0.05，0.1

答案：B

9.《地表水环境质量标准》(GB 3838—2002）中，湖库点位总磷III类和V类水质的标准限值分别为________mg/L 和________mg/L。(　　)

A. 0.05，0.2　B. 0.2，0.4　C. 0.1，0.2　D. 0.05，0.1

答案：A

10.《地表水环境质量标准》(GB 3838—2002）中，溶解氧、高锰酸盐指数和氨氮的III类水质的标准限值分别为________mg/L、________mg/L 和________mg/L。(　　)

A. 5，4，1.0　B. 5，6，1.0　C. 4，6，1.0　D. 5，6，0.5

答案：B

11. 以下属于 GB 3838—2002 规定的总磷III类水质标准的是________。(　　)

A. 0.02（湖、库 0.01）　B. 0.1（湖、库 0.025）　C. 0.2（湖、库 0.05）

D. 0.3（湖、库 0.1）

答案：C

12.《地表水环境质量标准》(GB 3838—2002）中，河流断面和湖库点位总磷的III类水质的标准限值分别为________mg/L 和________mg/L。(　　)

A. 0.05，0.05　B. 0.2，0.2　C. 0.1，0.05　D. 0.2，0.05

答案：D

13.《地表水环境质量标准》(GB 3838—2002）中，氨氮和总氮的 I 类水质的标准限值分别为________mg/L 和________mg/L。(　　)

A. 0.15，0.15　B. 0.2，0.2　C. 0.15，0.2　D. 0.1，0.2

答案：C

14. 河流断面水质类别为III类，则该断面的水质状况为________，用绿色表征。(　　)

A. 优　B. 良好　C. 轻度污染　D. 中度污染

答案：B

15. 河流断面水质类别为IV类，则该断面的水质状况为________，用黄色表征。(　　)

A. 优　B. 良好　C. 轻度污染　D. 中度污染

答案：C

16．河流断面水质类别为Ⅴ类，则该断面的水质状况为＿＿＿＿，用橙色表征。（　　）

A．良好　　B．轻度污染　　C．中度污染　　D．重度污染

答案：C

17．河流断面水质类别为劣Ⅴ类，则该断面的水质状况为＿＿＿＿，用红色表征。（　　）

A．良好　　B．轻度污染　　C．中度污染　　D．重度污染

答案：D

18．以下自动监测数据不参与地表水质评价的是＿＿＿＿。（　　）

A．高锰酸盐指数　　B．电导率　　C．总磷　　D．氨氮

答案：B

19．采样断面的水面宽在 50～100 m 时，应设置＿＿＿＿条采样垂线。（　　）

A．4　　B．3　　C．2　　D．1

答案：C

20．采样断面同一条垂线上，水深 5～10 m 时，应设置＿＿＿＿个采样点。（　　）

A．4　　B．3　　C．2　　D．1

答案：C

21．地表水一类水水质氨氮的限值是＿＿＿＿ mg/L。（　　）

A．0.1　　B．0.15　　C．0.2　　D．0.5

答案：C

22．当综合营养状态指数为 60＜TLI（Σ）≤70 时，湖泊（水库）营养状态为＿＿＿＿。（　　）

A．中度富营养　　B．中营养　　C．轻度富营养　　D．重度富营养

答案：A

三、多选题

1．国控断面（点位）类型主要包括＿＿＿＿、国界断面、省界断面、市界断面、县界断面、湖库点位、重要饮用水水源地断面（点位）。（　　）

A．背景断面　　B．对照断面　　C．控制断面　　D．趋势断面

答案：ABC

2．以下描述正确的是＿＿＿＿。（　　）

A．对照断面上游 2 km 内不应有影响水质的直排污染源或排污沟

B．控制断面应尽可能选在水质均匀的河段

C．国界断面布设在靠近边境的中国国境以内，界河和界湖适当增加沿河重要城市的控制断面，出入境河流监测断面与国境线间没有排污口或支流汇入口

D．省界、市界、县界断面原则上设置在上下游交界、符合断面设置原则处或下游地区的入境处

答案：ABCD

3．跨界断面包括________。（　　）

A．国界断面　　B．省界断面　　C．市界断面　　D．县界断面

答案：ABCD

4．以下参与地表水水质评价的自动监测数据是________。（　　）

A．高锰酸盐指数　　B．电导率　　C．总磷　　D．总氮

答案：AC

5．以下参与地表水水质评价的自动监测数据是________。（　　）

A．氨氮　　B．溶解氧　　C．总磷　　D．浊度

答案：ABC

6．以下参与地表水水质评价的自动监测数据是________。（　　）

A．pH　　B．溶解氧　　C．总氮　　D．总磷

答案：ABD

7．以下参与地表水水质评价的自动监测数据是________。（　　）

A．pH　　B．溶解氧　　C．氨氮　　D．总氮

答案：ABC

8．以下描述正确的是________。（　　）

A．Ⅰ～Ⅱ类水质主要适用于饮用水水源地一级保护区、珍稀水生生物栖息地、鱼虾类产卵场、仔稚幼鱼的索饵场等

B．Ⅲ类水质主要适用于集中式生活饮用水地表水水源地二级保护区、鱼虾类越冬场、洄游通道、水产养殖区等渔业水域及游泳区

C．Ⅳ类水质主要适用于一般工业用水区及人体非直接接触的娱乐用水区

D．主要适用于农业用水区及一般景观要求水域

答案：ABCD

9．以下描述正确的是________。（　　）

A．河流断面水质类别为Ⅱ类，则该断面的水质状况为良好，用蓝色表征

B．河流断面水质类别为Ⅳ类，则该断面的水质状况为轻度污染，用黄色表征

C．河流断面水质类别为Ⅴ类，则该断面的水质状况为中度污染，用橙色表征

D．河流断面水质类别为劣Ⅴ类，则该断面的水质状况为重度污染，用红色表征

答案：BCD

10．以下描述正确的是________。（　　）

A.《地表水环境质量标准》（GB 3838—2002）中，pH 为Ⅰ类～Ⅴ类水质的标准限值为 6～9

B.《地表水环境质量标准》（GB 3838—2002）中，溶解氧的Ⅲ类水质的标准限值为 5 mg/L

C.《地表水环境质量标准》（GB 3838—2002）中，河流断面和湖库点位总磷的Ⅲ类水质的标准限值均为 0.05 mg/L

D.《地表水环境质量标准》（GB 3838—2002）中，氨氮和总氮的Ⅰ类水质的标准限值均为 0.2 mg/L

答案：AB

四、判断题

1．国家地表水环境质量监测网的对照断面上游 2 km 内不应有影响水质的直排污染源或排污沟。（　　）

答案：√

2．国家地表水环境质量监测网的控制断面应尽可能选在水质均匀的河段。（　　）

答案：√

3．国家地表水环境质量监测网的省界、市界、县界断面原则上设置在上下游交界、符合断面设置原则处或下游地区的入境处。（　　）

答案：√

4．国家地表水环境质量监测网覆盖我国主要水系的干流、流域面积在 100 km^2 以上的重要一级、二级支流，重点区域的三级、四级支流，重要的国界河流、省界河流、大型水利设施所在水体等。（　　）

答案：×

正确答案：1 000 km^2。

5．国家地表水环境质量监测网覆盖面积在 50 km^2（或储水量在 10 亿 m^3 以上）的重要湖泊，库容在 10 亿 m^3 以上的重要水库以及重要跨国界湖库等，重点增加良好湖库点位。（　　）

答案：×

正确答案：100 km^2。

6．《地表水环境质量标准》（GB 3838—2002）中，溶解氧Ⅰ～Ⅴ类水质的标准限值分别为 7.5 mg/L 或饱和率 90%、6 mg/L、4 mg/L、3 mg/L 和 2 mg/L。（　　）

答案：×

正确答案：7.5 mg/L 或饱和率 90%、6 mg/L、5 mg/L、3 mg/L 和 2 mg/L。

7.《地表水环境质量标准（GB 3838—2002）》中，高锰酸盐指数Ⅰ～Ⅴ类水质的标准限值分别为 2 mg/L、4 mg/L、6 mg/L、8 mg/L 和 10 mg/L。（　　）

答案：×

正确答案：2 mg/L、4 mg/L、6 mg/L、10 mg/L 和 15 mg/L。

8.《地表水环境质量标准》（GB 3838—2002）中，氨氮Ⅰ～Ⅴ类水质的标准限值分别为 0.2 mg/L、0.5 mg/L、1.0 mg/L、1.5 mg/L 和 2.0 mg/L。（　　）

答案：×

正确答案：0.15 mg/L、0.5 mg/L、1.0 mg/L、1.5 mg/L 和 2.0 mg/L。

9.《地表水环境质量标准》（GB 3838—2002）中，河流断面总磷Ⅰ～Ⅴ类水质的标准限值分别为 0.01 mg/L、0.025 mg/L、0.05 mg/L、0.1 mg/L 和 0.2 mg/L。（　　）

答案：×

正确答案：0.02 mg/L、0.1 mg/L、0.2 mg/L、0.3 mg/L 和 0.4 mg/L。

10.《地表水环境质量标准》（GB 3838—2002）中，湖库点位总磷Ⅰ～Ⅴ类水质的标准限值分别为 0.02 mg/L、0.1 mg/L、0.2 mg/L、0.3 mg/L 和 0.4 mg/L。（　　）

答案：×

正确答案：0.01 mg/L、0.025 mg/L、0.05 mg/L、0.1 mg/L 和 0.2 mg/L。

11.《地表水环境质量标准》（GB 3838—2002）中，溶解氧、高锰酸盐指数和氨氮的Ⅲ类水质的标准限值分别为 5 mg/L、6 mg/L 和 1.0 mg/L。（　　）

答案：√

12.《地表水环境质量标准》（GB 3838—2002）中，河流断面和湖库点位总磷的Ⅲ类水质的标准限值均为 0.05 mg/L。（　　）

答案：×

正确答案：分别为 0.2 mg/L 和 0.05 mg/L。

13.《地表水环境质量标准（GB 3838—2002）》中，氨氮和总氮的Ⅰ类水质的标准限值均为 0.2 mg/L。（　　）

答案：×

正确答案：分别为 0.15 mg/L 和 0.2 mg/L。

14. 河流断面水质类别评价采用单因子评价法，即根据评价时段内该断面参评的指标中类别最高的一项来确定，标准限值相同的按最优水质评价。（　　）

答案：√

15. 河流断面水质类别为Ⅱ类，则该断面的水质状况为良好，用蓝色表征。（　　）

答案：×

正确答案：优。

16. Ⅲ类水质主要适用于集中式生活饮用水地表水水源地二级保护区、鱼虾类越冬场、洄游通道、水产养殖区等渔业水域及游泳区。（　　）

答案：√

17. 浊度的计量单位是 NTU，称为度。（　　）

答案：√

18. 电导率是以数字表示的溶液传导电流的能力。纯水电导率很小，当水中含无机酸、碱或者盐时，电导率增加。（　　）

答案：√

19. 我国地表水环境质量标准（GB 3838—2002）规定二类水总磷限值为 0.1 mg/L。（　　）

答案：√

20. 湖泊综合营养状态指数为 TLI（Σ）＞50 时，其营养状态等级为富营养。（　　）

答案：√

21. 评价时段内，断面水质为“优”或“良好”时，不评价主要污染指标。（　　）

答案：√

22. 总氮和总磷作为湖泊水库水体营养状态的评价指标，也是湖库水质评价指标。（　　）

答案：×

五、问答题

1. 思考下图中该河流断面应该设置的垂线及垂线位置？布设垂线时注意什么？每条垂线设置几个采样点，每个采样点的位置在哪里？

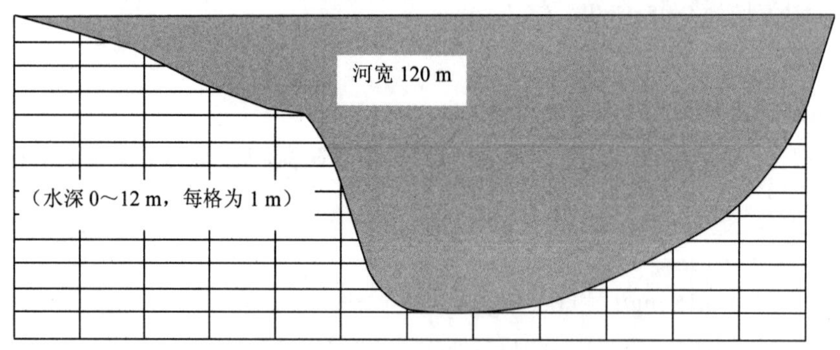

答案：（1）河宽 120 m 应采集左、中、右三条垂线。

（2）左垂线水深小于 5 m，采集水下 0.5 m 处水样；中垂线水深大于 10 m，采集水面下 0.5 m 处、水深 1/2 处、河底上 0.5 m 处；右垂线大于 5 m 小于 10 m，采集水面下 0.5 m 处、河底上 0.5 m 处。

（3）左右两侧在有明显水流处采集。

2. 地表水水质评价采用什么方法？请分别评价下列断面的水质状况，并简要叙述评价过程。

断面名称	断面类型	pH	溶解氧/（mg/L）	高锰酸盐指数/（mg/L）	氨氮/（mg/L）	总磷/（mg/L）
断面 1	河流	7.66	5.82	1.2	0.06	0.15
点位 2	湖库	7.24	6.48	2.3	0.02	0.15

答案：（1）地表水水质评价采用单因子评价法，即根据评价时段内该断面参评的指标中类别最高的一项来确定，标准限值相同的按最优水质评价。

（2）断面 1 是河流断面，总磷评价执行河流标准，pH、溶解氧、高锰酸盐指数、氨氮和总磷分别满足地表水Ⅰ类、Ⅲ类、Ⅰ类、Ⅰ类和Ⅲ类水质标准，因此综合评价该断面为Ⅲ类水质，断面水质良好。

（3）点位 2 是湖库点位，总磷评价执行湖库标准，pH、溶解氧、高锰酸盐指数、氨氮和总磷分别满足地表水Ⅰ类、Ⅱ类、Ⅰ类、Ⅰ类和Ⅴ类水质标准，因此综合评价该断面为Ⅴ类水质，断面处于中度污染状态。

第十三章　运维公司规范化管理

一、填空题

1. 运维公司的管理体系对影响最终结果的不确定因素进行管理和规范，这些不确定因素主要包括：人员、仪器设备、标准物质、实验方法、环境因素等。简称________、________、________、________、________。

答案：人　机　料　法　环

2.《中华人民共和国计量法》中规定：为社会提供公证数据的产品质量检验机构，必须经省级以上人民政府计量行政部门对其计量检定、测试能力和可靠性考核合格，这种考核称为____________。

答案：计量认证

3.《中华人民共和国计量法》中规定：经____________合格的产品质量检验机构所提供的数据，用于贸易出证、产品质量评价、成果鉴定作为公证数据，具有法律效力。

答案：计量认证

4. 运维公司应建立仪器设备状态标识，区分仪器设备_________、_________和________3种状态，通常以“绿”“黄”“红”三种颜色表示。

答案：合格　准用　停用

5. 运维公司应对影响运维质量的重要_________、_________和__________的供货单位和服务提供者进行评价，并保存这些评价的记录和获批准的合格供货单位和服务提供者名单。

答案：消耗品　供应品　服务

6.《刑法》第三百三十八条环境污染罪：“违反国家规定，向土地、水体、大气排放、倾倒或者处置有放射性的废物、含传染病病原体的废物、有毒物质或者其他危险废物，造成重大环境污染事故，致使公私财产遭受重大损失或者人身伤亡的严重后果的，处________以下有期徒刑或者拘役，并处或者单处罚金；后果特别严重的，处三年以上________以下有期徒刑，并处罚金。”

答案：三年　七年

二、判断题

1．运维公司需要采购的耗材有运维车、标准样品、试剂瓶、实验室用品、备品备件、过滤滤膜等。（　　）

答案：√

2.运维公司需要采购的服务有第三方实验室、废液处理处置公司、仪器检定校准等。（　　）

答案：√

3．设备在投入使用前，应采用检定或校准等方式，以确认其是否满足采测工作的要求，并标识其状态。（　　）

答案：√

4．运维公司应使用可溯源到SI单位或有证标准物质的标准物质，应对标准物质进行期间核查，同时按照程序要求，安全处置、运输、存储和使用标准物质，以防止污染或损坏，确保其完整性。（　　）

答案：√

5．运维公司具有固定的、临时的或可移动的工作场所，工作环境满足运维要求。（　　）

答案：√